VEKE ─────

일러두기

책에 언급되는 식물의 이름은 국가표준식물목록 www.nature.go.kr/kpni/index.do을 기준으로 명명자를 제외하고 정리했습니다. 일부 식물의 경우 통용되는 이름도 함께 병기했습니다.

국가표준식물목록에 등재되어 있지 않은 식물의 경우 학명을 발음 나는 대로 표기하거나 일반적으로 통용되는 이름으로 표기했습니다.

정확한 이름을 알 수 없는 재배(원예)품종의 경우 속명이나 cv.로 표기했습니다.

식물의 학명은 베케정원에 식재된 초본식물을 중심으로 제일 처음 언급되는 본문 텍스트에만 한 번 표기했습니다(전체 식물 목록은 376쪽 참조).

'그라스' 등 일부 단어는 이해를 돕기 위해 널리 사용되는 발음으로 표기했습니다.

책에 실린 사진과 도면, 그림은 별다른 언급이 없으면 모두 저자가 제공한 이미지입니다.

베케,
일곱 계절을 품은
아홉 정원

글·사진 — 김봉찬 고설 신준호

목수책방
木水冊房

(추천사)

베케정원을 기억하며

무수히 많은 베케를 꿈꾼다

베케정원을 이야기하며 평강식물원을 먼저 떠올리지 않을 수 없다. 아직 우리에게 생태정원이라는 개념 자체가 무척 생소했던 20여 년 전, 자연을 닮아 편안하고 아름다운 정원을 만들고 싶다는 꿈을 꾼 서른다섯 청년 정원사가 있었다. 그는 그냥 시늉이 아니라 식물들이 본래 사는 다양한 환경과 그곳 특유의 아름다움을 정원에 옮겨 오고자 치밀한 시도를 했고, 그 시도는 가히 성공적이었다. 우리나라뿐만이 아니라 세상 어디에 내놓아도 손색이 없을 완성도 높은 자연주의정원을 만들어 냈다. 한마디로 시대를 앞서갔던 실로 놀라운 정원 실험이었다.
하지만 안타깝게도 당시는 아직 문화며 산업이며 우리나라에 정원과 관련한 모든 기반이 무르익지 않은 상황이었고, 그 실험은 힘 있게 이어지지 못했다. 심지어 이제는 명칭도 식물을 연구하는 전문 연구기관이라는 뜻의 식물원이라는 말을 떼고 평강랜드로 바뀌었다. 만약 여기서 이야기가 끝났다면 자연을 닮은 정원을 만들고픈 그 꿈이 거기서 그렇게 멈추었다고 말해야 했을지도 모른다. 하지만 다행히 그러지 않았다. 무수한 경험들로 더 단단해지고 깊어진 정원사 김봉찬은 베케라는 이름으로 그간 우리가 경험해 보지 못했던 차원의 정원을 만들어 그가 상상한 자연주의정원을 실제로 구현해 보여 주었다. "베케 가 봤어? 거기 정말 좋아." 이제 사람들은 이런 정원을 정말 오랫동안 기다렸다는 듯 베케의 아름다움에 매료되어 이런 말을 한다. 뿐만 아니라 그는 숲으로 들로 물가로 사람들을 초대해 진정한 경이로운 아름다움을 보여 주는 자연으로 안내했다. 아낌없이 주는 나무처럼 그가 자연으로부터 얻은 값진 경험들을 나누어 주며 자연과 정원을 배우고 싶은 정원사들에게 귀한 길 안내자이자 큰 스승이 되어 주었고. 그 사이 어느새 그의 꿈은 이제 우리 모두의 꿈이 되어 가고 있었다.

그래서 베케는 단순히 아름다운 정원이 아니다. 세상에 하나밖에 없는 정원이다. 좋은 정원을 찾아 세계 곳곳을 다니며 꽤 많은 정원을 만나 보았지만 베케 같은 정원은 정말 베케 단 하나밖에 없다고 자신 있게 말할 수 있다. 베케가 위치한 제주 자연의 일곱 계절이 보여 주는 빛과 결, 색과 형태 그리고 그곳의 삶과 문화를 오롯이 잘 담아낸 정원. 이런 농밀한 아름다움이 정원에서 가능하다는 것을 볼 수 있다는 것만으로도 많은 사람들에게 큰 희망과 위로가 된다. 이 정원에 들어서면 우선 기분이 좋아지고 마음이 편안해진다. 정원이 주는 위로랄까. 그리고 정원을 충분히 음미하고 나갈 때면 자신의 삶 속 각자가 선 자리에서 '나도 나만의 베케를 치열하게 일구어 낼 수 있을까' 질문하며 생의 의지를 마음에 품게 된다.

우리는 이제 무수히 많은 베케를 꿈꾼다. 사실 베케 같은 자연주의정원은 천혜의 자연이 살아 있는 제주보다도 시멘트와 아스팔트로 둘러싸인 도시에 더 필요하다. 실제로 베케의 초록 기운이 회색 도심 속으로 서서히 스며들고 있다. 김봉찬 조경가와 그의 '더가든' 팀은 제주를 넘어 전국 곳곳에 새로운 '베케들'을 만들고 있다. 또 베케를 보며 감동과 영감을 받은 많은 사람들이 이제 자연의 깊은 아름다움을 담은 녹색 공간을 지으려 감히 노력한다. 이기적인 인류의 문명이 만든 심각한 환경파괴와 자연의 불균형을 우리의 일상으로부터 바로잡고 우리의 삶터를 보다 아름답고 생기로운 곳으로 만드는 일. 오늘도 이 시대 정원을 생각하며 새로운 꿈을 꾼다. 그 길을 앞서 보여 준 베케와 함께.

김장훈 정원사, 《겨울정원》 저자

어머니 정원 '베케'

베토벤 피아노협주곡 5번 2악장이 흘러나오면 과거의 동굴 속으로 들어간다. 그라스grass를 배경으로 흔들리는 소국小菊 같기도 하고, 도도한 장미처럼 강렬하다고 느껴질 때도 있다. 떠오르는 사람도 있고, 추억이 하나 둘……
프랑스를 여행하면 반드시 가 봐야 할 것 같은 모네의 정원. 모네가 생활하며 직접 가꾼 정원이다. 그곳은 모네가 영감을 얻던 곳이자 아틀리에이기도 했다. 헤르만 헤세에게 '정원'은 안식처였다. 피폐해진 삶을 추스르고 절망을 딛는 곳. 헙수룩한 복장으로 삽과 괭이를 부여잡았지만 그는 실은 그곳에서 마음을 씻었다. 흙을 파고 꽃과 나무를 보살피는 일은 기도이며 명상이다. 비록 예술가는 아니더라도, 우리도 이들처럼 일상의 번민을 씻어 내는 장소가 있으면 좋겠다. 정원이 없다면 모두의 정원인 공원이라도. 꽃·풀·나무·물·바람·햇빛. 그 속에서 위안과 기쁨을 얻을 수 있다면 좋겠다.

베케는 정원을 어떻게 맛볼까, 느껴 보기 좋은 곳이다. 내 친구 김봉찬이 디자인하고 시공한 정원 베케! 감귤밭 일구던 어머니가 밭에서 나온 돌들을 한곳에 모아 두었다. 수십 년 어머니 수고가 켜켜이 쌓인 것이다. 아들은 어머니를 잊지 않기 위해 돌무더기에 이끼를 입혔다. 멋진 이끼정원은 그렇게 만들어졌다.
아버지의 피땀이 밴 감귤창고에서 아버지를 기억한다! 너무도 쉽게 허물고 짓는다고 하지만, 아들은 흔적을 남기고 싶었다. 폐허정원은 또 그렇게 만들어졌다. 어쩌면 베케는 어머니 아버지를 기억하고 싶은 아들의 추억이 담긴 곳인지도 모른다. 정원이 마무리될 무렵 어머니는 떠나셨다. 친구에게 정원은 어머니다. 친구는 정원을 거닐며 어머니를 추억하고 그리워하지 않을까? 여러분도 베케를 음미하며 꽃과 나무에서 감성을 느껴 보시길!

강홍림　문화 콘텐츠 작가

지구를 향한 소박하지만 진실한 연가, 베케

도서관 사서가 이 책을 제대로 읽고 분류하려면 고민스러울 것이다. 정원 만들기 실용서, 제작 일지, 식물도감, 작품 해설서. 이 모든 속성을 가진 책의 복합성 때문이다. 내가 일곱 계절의 베케를 다 보았던가. 흩어져 있는 베케의 사진과 메모를 모아 책에 소개된 일곱 계절과 아홉 정원을 거슬러 올라간다. 그 회고의 과정을 거치며 나는 이 책의 성격을 시집이라고 생각하기 시작했다. 시인의 기교는 없지만 지구에게 보내는 소박하지만 진실한 연가戀歌를 묶어 놓은 책이라고. 말들은 정직하여 이내 뿌리를 내리고 싹을 틔워 아름다운 정원으로 태어났다. 아니면 아름다운 정원에서 싱싱한 언어의 열매를 맺었는지도 모르겠다. 생태학자의 정원은 건강하다. 땅과 식물과 사람의 관계를 온전히 헤아리기 때문이다. 생태학자의 정원은 아름답다. 아름다움이 목표가 아닌 오랜 과정의 결과이기 때문이다. 지구의 아름다움을 편집해 만들었다는 자부심을 입고 밭에서 캐낸 돌무더기 위에서 태어난 새로운 생태계인 베케에서 앞으로 펼쳐질 변화가 기다려진다. 베케가 가장 식물적인 것이 가장 아름다울 수 있다는 사실을 끊임없이 증명해 낼 것이기 때문이다.

김아연 서울시립대 조경학과 교수

자연이 파노라마처럼 그려지는 곳

회색빛이 감도는 베케 메인 건물 카페의 높은 문을 밀어 내니 밝지는 않지만, 어둡지도 않은 실내가 나타났다. 그리고 뒤통수를 맞은 것처럼 짜릿한 울림을 느꼈다. 대형 스크린 속에 파노라마처럼 펼쳐진 듯한 베케정원의 하이라이트가 등장하면서 나는 숨을 잠시 멈추었다. 정원은 무심하게 쌓은 듯 보였지만, 그 안에 존재하는 규칙과 표준화된 자연의 섭리를 이해하려는 흔적이 느껴졌다. 이끼와 무성한 고사리류, 그 한편에 촉촉함이 느껴지는 습지화된 공간이 전체적인 조화를 이루고 있었다. 자연을 닮은 그 공간에는 놀라움만이 가득했다. 선큰 아래쪽으로 내려가 의자에 앉으면 눈높이가 낮아지면서 베케정원의 풍경은 더욱 크게 다가온다. 정원으로 나가는 문을 열면 계단 밑에 고사리류가 벽면과 바닥에서 존재감을 확실히 드러내고, 덱을 따라가면 베케의 뒷면을 볼 수 있다. 각도에 따라 변화되는 정원의 모습도 또 다른 시선으로 보는 맛을 느끼게 한다.

'치밀하지만 엉성하게'라는 말을 이해하지 못했다. 그만큼 베케정원은 어떤 곳에서도 보지 못한 광경을 선사했다. 폐허가 된 건물을 철거하며 남겨 둔 밑동만 가지고 정원을 만든 것은 신의 한 수였다. 폐허가든은 지금까지 본 적이 없었기에 가장 궁금했던 곳이다. 녹슬고 구겨진 철골, 허물어진 벽돌, 구멍 난 벽면, 그리고 그곳을 채운 다양한 그라스들. 화사한 억새가 사람들을 맞이하는 곳을 직접 내려다보고 가까이 볼 수 있게 철판으로 길을 낸 것은 또 하나의 배려다.

"우리를 조금 크게 만드는 데 걸리는 시간은 단 하루면 충분하다"고 말한 독일 화가 파울 클레의 말을 조금이나마 이해할 수 있었던 순간이었다. 문을 연 지 2년의 시간이 흘러서 다시 본 베케정원은 조금 더 자랐다.

지재호 〈한국조경신문Landscape Times〉기자

제주의 경관과 정서를 담은 한국정원

"어느 집에서나 한라산이 보이고 온 땅이 바다로 둘러싸인 천혜의 경관, 생물다양성이 풍부한 자연 속에서 생활하는 모두가 조경가로서 잠재력이 있지 않을까?" 김봉찬 대표가 이런 말을 한 적이 있다. 그와 나는 제주에서 자랐다. 제주의 자연을 벗 삼아 성장한 배경과 평생 정원을 공부했다는 이유로 공감대가 형성되어 가까워졌다.

제주 사람에게 자연은 일상이다. 바이오필리아 이론에 따르면 인간은 자연환경 속에 있을 때 건강하고 행복하다고 한다. 일상이 자연과 함께였던 제주에서 보냈던 삶이 그랬던 것 같다. 어릴 적 숲과 계곡, 바다가 동네 가까이에 있어 자연과 어울려 놀았다. 식물은 우리에게 놀이도구이자 먹을거리가 되어 주었고, 미로 같은 돌담과 귤밭을 넘나들며 숨바꼭질을 했던 기억도 있다. 거기 아무렇게나 널브러져 있는 돌무더기 '베케'가 있었다. 자연경관 같아 보이지만 사실은 사람이 만든 문화경관이다.

제주를 벗어나 서울에 사는 지금은 그때보다 편리함을 느낀다. 하지만 건강과 행복 지수는 낮아졌다고 여길 때가 많다. 주변 환경에 스트레스 유발 요인이 산재해 있기 때문이다. 그럴 때마다 어릴 적 살았던 제주의 모습을 떠올리곤 한다. 자연과 사람이 함께 만들어 낸 모습이 어우러진 경관을 말이다.

자연의 힘으로 만들어진 자연경관과 사람의 힘으로 만들어진 문화경관. 치우치지 않은 힘의 균형은 조화롭게 어우러져 '제주'만의 장소성을 갖는다. 그 안에서 살아온 이들에게는 자연을 향한 애착이 바탕에 깔린 지역적 정서가 있다. 더가든의 베케정원은 그러한 제주의 경관과 정서를 담은 한국형 자연주의정원의 진수다. 우리 경관과 정서를 담은 이러한 정원을 '한국정원'이라 말할 수 있지 않을까? 빌딩 숲 어딘가에 앉아 있는 지금, 베케가 '급 당긴다'.

이형주 〈e-환경과조경〉 기자

정원의 힘

베케정원에 들어서자마자 이곳의 흐름은 아주 다르다는 것을 직감적으로 느낄 수 있었다. 정원 한가운데에 서서 눈을 감고 감각에 집중해 보았다. 오케스트라였다. 색, 소리, 빛, 질감, 선, 높이, 부피, 힘의 균형, 수분, 형태, 두께, 무게, 떨림. 이 모든 것들이 오케스트라가 되어 생명의 노래를 연주하고 있었다. 찬란했다. 보기에만 좋은 정원, 단순한 메시지를 전달하기 위한 정원이 아니었다. 공간의 모든 것을 디자인한 정원. 심지어 공간에 흐르는 시간과 공간에 찾아오게 될 사람들의 심리까지도 디자인한 정원, 그래서 그 정원 자체로 힘을 가지며 사람을 변화시키는 정원이 '베케'였다. 베케정원을 둘러보며 확실히 느낄 수 있었다. 정원은 힘을 가지고 있다는 것을. 사람을 바꾸고 자연을 바꾸고, 이 세상을 바꿀 수 있는 충분한 힘을 가지고 있다는 것을 말이다.

김지우 '내일학교' 우주

기다림 끝에 만들어지는 아름다움

제주도 이동수업을 위한 면접에서 선생님께 여유가 없고 날카롭다는 피드백을 받았다. 제주도 수업을 받으며 완벽해야 한다는 강박 속에서 항상 나를 채찍질하고, 주변 사람들에게 날카롭게 구는 것을 극복하고 싶었는데, 이번에 김봉찬 대표님과 이야기를 나누면서 내가 찾던 기다림과 여유를 볼 수 있었다. 아직은 작지만 언젠가 크게 자라날 식물들을 보며 더 풍성해질 미래를 말하는 대표님의 눈은 햇빛을 받아 반짝였다. 몸 상태가 좋지 않았지만 정원과 대표님의 눈 만큼은 강렬하게 뇌리에 남았다. 숲이 담긴 대표님의 눈과 정원을 보면서 느꼈다. 정원사는 넓은 마음으로 앞으로 반짝일 세계를 그리고 기다릴 수 있어야 한다고. 정원사는 그런 기다림을 통해 아름다움을 만들어 낸다고. 그 너머의 아름다움을 볼 수 있으면 된다고.

오선화 '내일학교' 새벽

아름다운 지구를 만드는 '가드너'

"주변을 아름답게 만드는 정원을 만들어야 한다." 김봉찬 대표님이 가볍게 던진 말이었지만 난 가슴 한편에 이 말을 꾹꾹 눌러 적었다. 정원을 진로로 삼게 된 계기가 있었다. 어릴 때부터 '무엇을 하며 살까'라는 질문을 던지면 항상 이런 대답이 따라다녔다. 환경오염으로 상한 지구를 살려 내는 일을 하고 싶다고. 아픈 지구를 정원으로 살릴 수 있다는 말을 듣고 정원의 매력에 빠진 나는 금세 정원으로 진로를 정했다. 주변을 살필 줄 아는 능력, 세상 속 자연을 살피며 그 속에 깃든 아름다움을 찾을 수 있는 능력을 지닌 정원사가 만든 정원에서는 단순히 보이는 대상을 넘어 그 속에 있는 생명 하나하나를 존중하고 배려하고 있다는 사실이 느껴졌다. 그런 정원으로 새가 찾아 들었고, 나비가 날아와 앉았고, 멀리서 바라보는 내 마음도 그곳에 자리 잡았다. 이런 내 마음처럼 이곳에서는 모두가 똑같은 마음이었을 것이다. 이런 여운이 채 가시지 않았을 때 김봉찬 대표님은 "아픈 지구를 치료해 줄 사람은? 앞으로 너희 같은 사람이다"라며 우리들에게 힘을 실어 주었다.

권성주 '내일학교' 밝은해

(들어가는 글)

자연과 사람을 보듬는 베케정원

쟁기로 밭을 갈던 시절, 돌이 많은 제주에서는 땅을 일굴 때마다 나오는 돌덩이들을 마땅히 처리할 방법이 없어 밭의 경계를 따라 쌓아 두곤 했다. 그리고 이 돌들이 시간과 함께 이어지고 쌓여 만들어진 돌무더기를 '베케'라 불렀다. 베케는 크고 작은 돌들이 무심하게 쌓인 돌무더기이자, 오랫동안 땀 흘리며 살아온 우리의 부모와 그들의 부모가 대를 이어 보여 준 삶의 열의와 노고의 축적이다.

이 엉성한 돌무더기는 크고 작은 돌만큼이나 다채로운 크고 작은 틈을 품고 있다. 그리고 이 틈은 추위와 더위, 바람을 막아 주어 땅을 기반으로 살아가는 수많은 곤충과 식물 들에게 안전한 은신처와 서식처가 되어 준다. 작지만 정교한 먹이사슬을 이루며 인간의 영역 안에서 다양한 생명이 살아갈 수 있도록 생태의 장 역할을 충실히 수행한다.

이렇게 '베케'는 사람이 만들었으나 자연을 거스르지 않고 사람과 자연이 서로를 품어 주며 하나가 되는 가치 있고 새로운 공간이 된다.

내 또래 제주 사람들에게 베케는 추억이 깃든 장소이기도 하다. 어린 시절 높은 돌담은 동네 아이들에게 재미있는 놀이터가 되어 주었고, 어른들은 베케를 힘든 노동 중에 잠시 땀을 식히거나 점심을 먹는 장소로 이용하기도 했다. 돌 틈에서 자라난 으름덩굴과 멀꿀은 먹을거리를 제공해 주었으며, 참나리와 원추리는 아름다운 꽃을 피워 종종 묘한 감상에 빠져들게 했다. 베케는 화산활동으로 만들어진 현무암과 연관된 경관으로 생태적 특성이 제주 곶자왈과 닮아 있다. 척박한 돌밭을 일구며 살아온 제주 사람들의 흔적이 고스란히 배어 있는 베케의 문화적 가치 또한 곶자왈과 맞닿아 있다.

2007년, '더가든'이라는 조경회사를 시작하면서 부모님이 40여 년간 귤농사를 짓던 과수원에 터를 잡았다. 공사에 필요한 식물들을 원활하게 조달하기 위한 목적으로 작은 농장을 꾸려 나가다가 우연한 기회에 농장과 이어진 토지를 매입했고, 어른이 되어 내내 잊고 지냈던 '베케'를 다시 만나게 되었다. 매입한 토지로 들어가 반대편에서 보니 거기에 크고 작은 돌덩이를 쌓아 올린 베케의 흔적이 고스란히 남아 있었다. 돌담을 뒤덮은 두툼한 깃털이끼가 싱그러운 초록빛으로 반짝이는 모습은 마치 깊은 원시 자연림의 한 장면 같았다. 늘 보아 오던 돌담의 이면에 이렇게 신비스럽고 자연적인 공간이 숨어 있으리라고는 전혀 생각지 못했다. 정말 놀라운 경험이었다. 정원 일을 하다 보면 누구나 '내 정원' 욕심이 생긴다. 오랫동안 자연주의정원 혹은 생태정원과 관련된 일을 해 왔지만, 실제로 주변에서 자연주의정원을 쉽게 만나지 못한다는 사실이 늘 안타까웠다. 늘 내가 실험하고 경험했던 지식들을 편안하게 풀어 놓을 수 있는 공간을 마련하고 싶은 마음이 가슴 한편에 자리하고 있었다. 더욱이 정원은 내가 계획하고 만들었어도 내 소유 공간이 아니면 출입조차 자유롭지 않기 때문에 일을 하면서도 늘 아쉬운 마음이 들었다. 서두르지 않고 시간의 흐름에 따라 천천히 만들어 가는, 내가 온전하게 즐길 수 있는 나의 정원을 향한 꿈을 조금씩 키워 나가고 있을 때 우연히 만난 베케가 도화선이 되어 주었다.

정원이 선사하는 삶의 기쁨

베케정원을 만든 이후 나의 삶은 많이 달라졌다. 일터에서 매일 정원을 즐길 수 있다는 것은 매우 큰 기쁨이다. 사무실 문을 나서면 정원이 있고 정원 안에는 식물들이 가득하다. 꽃이 핀 자리마다 벌과 나비가 날아들고 잎사귀마다 햇빛과 바람이 스며든다. 다양한 분야의 사람들이 찾아와 정원을 감상하고 그들과 정원, 건축, 미래 도시의 녹지에 관한 여러 가지 이야기를 나눌 수 있다. 시시각각 변화하는 자연의 흐름을 내 생활 공간 안에서 오롯이 경험할 수 있다는 것은 분명 축복이다. 그리고 자연스럽게 그 흐름에 맞추어 내 삶의 패턴도 변화해 간다. 나뿐만 아니라 함께 일하는 더가든의 사람들과 이곳을 찾는 모든 이들이 비슷한 감정을 느끼는 것을 보면서 사람은 정원에서 마음을 치유하며, 결국 인간은 자연 안에서 살아야 한다는 사실을 다시 한 번 확신하게 되었다.

하지만 정원을 만드는 일은 생각만큼 간단치가 않다. 관심과 열정만으로 시작했다가 실패하는 경우도 많다. 땅은 한정적인데 심고 싶은 식물은 끝도 없고 맘에 드는 꽃을 잔뜩 심어 놓았는데 몇몇 식물들만 정원을 다 차지해 버리기도 한다. 아니면 잠깐 게으름을 피우다가 잡초가 뒤덮어 버려 엉망이 되거나 식물 특성을 모르고 엉뚱한 환경 조건에 심어 결국 죽게 만들기도 한다. 무한한 애정으로 물과 비료를 넘치게 주어 식물을 죽이는 경우도 있다.

정원을 가꾸는 일은 쉽고도 어렵다. 특히 정원디자인은 다른 분야와 달리 살아 있는 생명을 다루기 때문에 더욱 그렇다. 생태적으로 안정된 기반을 조성해야 하고 거기서 시각적으로 아름다운 디자인을 만들어 내야 한다. 많은 공부와 오랜 경험이 필요하다. 하지만 정원이 주는 희열을 알게 되면 이야기는 달라진다. 빈 땅에서 새순이 돋아날 때, 어제까지 없던 꽃이 아침을 열어 줄 때, 초록 잎이 쑥쑥 커져 싱그러움을 뽐내고 붉게 물이 들었다가 다시 조용히 잎을 떨굴 때, 겨울날 앙상한 가지 위로 소복이 눈이 쌓일 때, 우리는 순간순간 작은 정원에서도 대자연의 위대함을 고스란히 느낄 수 있다.

베케정원의 오늘을 있게 한 소중한 인연들

모든 일이 그렇듯 처음부터 잘할 수는 없다. 시간과 노력을 들여 정원을 가꾸다 보면 책으로 배울 수 없는 생생한 경험과 보다 진일보된 기술을 저절로

얻게 되는 순간이 온다. 베케정원을
만들 수 있었던 가장 큰 원동력도 평생
생태정원과 자연주의정원을 만들어 온
나의 30년 경험 덕분이었다. 켜켜이 쌓아
올린 돌들이 베케를 만들어 낸 것처럼
나의 오랜 시간들이 베케정원의 바탕이
되어 주었다. 그리고 그 시간 동안 나에게
영감과 소중한 가르침을 전해 준 좋은
인연들이 있었다.

야생식물에 관심이 많았던 나는 고등학교
시절부터 식물 표본을 만들어 왔다.
대학에서 생물학을 전공하면서 한라산
식생을 연구하는 김문홍 교수를 만나
제주도 자생식물을 공부했다. 석사과정을
마치고 여미지식물원에서 사회생활을
시작했는데, 입사 초기만 해도 식물원이
무엇을 하는 곳인지, 정원은 어떻게
만들어야 하는지 아무것도 몰랐다.
그러다 우연히 일본 출장을 가게 되었고
하코네습생화원을 방문했다. 방치된 논을
이용해 다양한 습지생태를 체계적으로
재현해 낸 하코네습생화원의 모습을 보며
생태정원에 관심을 갖기 시작했다.

관심은 공부와 실험으로 이어졌고,
영국 왕립원예학회 같은 곳의 생태연못,
암석원과 고산정원, 이탄습지원, 숲정원에
관한 이론을 쉼 없이 공부했다. 또 좋은
기회가 있어 한라산과 설악산은 물론
압록강과 두만강에 이르는 백두산
접경지역 생태 조사와 연구도 병행할 수
있었다. 다양한 이론적 개념이 확립되어
갈수록 언젠가는 직접 생태정원을 만들어
보겠다는 꿈도 키워 나갔다.

그리고 평강식물원 이환용 원장과
만났다. 그는 확신은 있었으나 경험이
없던 서른다섯의 나를 믿고 평강식물원
조성을 맡겨 주었다. 덕분에 약 5년 동안
생태정원을 계획하고 실제로 만들어 볼 수
있는 기회를 얻었다. 1999년 고산이탄습지,
2000년 고산암석원, 2001년 습지원 같은
서식처 기반 정원과 생태정원을 만들었다.
특히 습지원 식재는 군락식재 개념을 처음
적용한 정원으로, 식물의 생태적 지위를
고려해 벼과나 사초과 그리고 꽃창포나
부채붓꽃 등 습지에 우점하는 식물과
산재하는 식물을 한 단위의 군락으로

보고 디자인했다. 특히 지형과 수위의 높낮이에 따라 다양한 환경을 반영했고 과거에는 찾아볼 수 없던 섞어심기混植, 혼식 방법을 적용했다. 이는 자연생태에 분포하는 습지식물 군락을 그대로 적용한 디자인으로, 최근 국제적으로 흔히 쓰는 자연주의정원 매트릭스 식재의 한 방법으로도 볼 수 있다.

평강식물원이 마무리되어 갈 즈음 제주에 내려와 J조경회사에 근무하게 되었다. 당시 제주비오토피아 프로젝트 중 생태공원 설계와 시공 총괄 책임을 맡았는데, 포도호텔을 설계한 건축가 이타미 준과 함께 수·풍·석 미술관 생태조경을 한 것도 이즈음의 일이다. 제주인으로 살아왔지만 진지하게 고찰하지 못했던 오름의 초원과 숲 그리고 계류를 모티브로 한 생태조경을 마음껏 고민하고 경험할 수 있는 기회였다.

마흔다섯에 '더가든'이라는 조경회사를 설립하면서 본격적으로 다양한 정원을 만들기 시작했다. 그리고 세계적인 설치미술가 최정화 작가를 만났다. 당시 서울 한남동 '스페이스 꿀'은 공간 자체가 충격이었고 그는 나와는 다른 세상의 사람 같았다. 하지만 일상의 모든 것이 예술이라는 그의 말과 작업은 나에게 큰 영감을 주었다. 세상 모든 것이 귀하고 각자가 지닌 개성과 다양성의 가치가 매우 소중함을 깨닫게 되었다. 그는 다양한 전시·공연·강연에 함께할 수 있도록 좋은 기회를 주었고, 특히 베케정원 건축 디렉팅을 맡아 주어 늘 감사한 마음을 갖고 있다.

마지막으로 건축가 김준성 교수는 나에게 스승과 같은 분이다. 나는 그와 함께 크고 작은 정원 프로젝트를 진행하며 건축과 더불어 주변 풍경과 조경을 아우르는 공간을 만들어 가는 지혜를 익혔고, 무엇보다 겸손하게 세상을 살아가는 방법을 배웠다. 또 끝내 성사되지 않아 안타까운 프로젝트로 남았지만 그 덕분에 세계적인 건축가 페터 줌토르를 만나 빛과 어둠, 깊이 있는 공간 등 보다 근본적인 공간디자인을 고민할 수 있었다.

직원들과 함께했던 외국정원 답사 또한 좋은 공부가 되었다. 중국 구채구에서 경험한 신비한 자연, 정원의 도시 뉴질랜드 크라이스트처치, 영국의 겨울정원과 미국의 찬티클리어가든, 하이라인파크와 911메모리얼파크는 모두 베케의 근간이 되어 준 소중한 공간들이다. 영국·네덜란드·독일 등에서 본 생태정원과 자연주의정원도 베케정원을 만들어 가는 데 큰 영향을 미쳤다.

자연의 힘과 변화를 고스란히 담아내는 정원

과거의 정원은 인간이 자연을 소비하는, 인간중심적인 정원이었다. 누군가의 취향을 드러내고 과시하기 위한 '치장'이 많은 정원들의 목적이었다. 그러나 자연주의정원은 생명의 중요성을 인지하고 함께하는 삶의 가치를 소중히 여긴다. 비료와 농약 사용을 최소화하고 건강한 환경, 안정된 비오톱biotope, 특정 식물이나 동물 등이 서식하기 위해 필요한 생태공간 또는 서식처을 구축하고자 노력한다. 지구의 모든 식물을 소재로 하며 잡초나 잡목으로 불리는 식물들도 생태계 안에서 기능과 역할이 있음을 인정하고 존중한다. 정원을 디자인할 때는 군락 구조와 종간 경쟁, 공생 같은 생태적 질서를 바탕으로 하고 이를 기반으로 정원이 스스로 하나의 자립 공동체를 형성할 수 있도록 유도한다. 그리고 그 안에서 사람이 자연의 한 요소로 어우러질 수 있기를 기대한다. 자연주의정원은 생태정원보다 확장된 또 하나의 생태정원이다. 정원이 사람만을 위한 단순한 장식적인 녹지대가 아닌 수많은 자연의 생명이 공존할 수 있는 아름다운 생태공간이 되어야 한다고 생각한다. 이것은 도시에서 사라진 생물 다양성과 생태적 균형을 회복하고, 보다 아름답고 생명이 넘치는 생태공간 창출을 목표로 하며, 인류가 자연 속에서 다양한 생명들과 공존할 수 있는 지속가능한 기반을 만드는 일이다. 이는 20세기 중후반 이후 국제적으로 관심을 받고 있는 와일드 가든이나 유기정원, 생태정원의 원리와 기술적인 측면에서 보다 진일보한 정원이라 할 수 있다.
자연주의정원 혹은 생태정원은 자연의 힘과 변화를 고스란히 담아낸다. 다양한 생명이 어우러져 공간을 공유하는 정원은 시시각각 빛·바람·물의 경이로운 순환과 그에 따른 반응을 새롭게 보여 준다.
현재의 정원은 사람을 위한 장식, 힐링, 사상이나 예술 혹은 권위를 표현하기 위한 방식 등의 목적을 뛰어넘어 인류를 포함한 지구의 모든 생물종들이 보다 안전하게 살아갈 수 있는 공간을 의미한다. 또한 야생의 생물이 서식하는 집, 즉 서식처를 의미하며 이러한 관점에서 정원을 만들고 관리하기 위해 노력해야 한다. 정원디자인은 물론 정원예술도 이 같은 생태적 철학과 사고를 바탕으로 발전시켜 나가야 한다.
자연주의정원은 사람의 관리가 점차 줄어들어도 정원의 생물 집단 스스로 잡초나 병해충 등 드러나는 외부 힘에 맞설 수 있는 방어 체계를 만들고 종다양성과 안전성, 지속가능성을 기반으로 정원을 구성하는 종들이 공생하는 사회가 만들도록 설계된 곳이다. 사실 잡초나 해충·유해균은 모두 자연에서 없어서는 안 될 귀중한 생명들이며, 자연주의정원에서도 반드시 필요한 존재다. 자연의 먹이사슬로 보자면 대부분 이들은 익충 혹은 유용한 균들의 먹이가 되는 생물이기 때문이다. 다만 생태적 균형이 깨지면 지나치게 번식하는 것이 문제다. 최근 국내에도 미세먼지 저감숲, 힐링숲, 수직정원, 스마트가든 등 매우 다양한 유형의 도시녹지나 정원 조성을 갈망하는 움직임이 있지만 본질은 절망적인 도시 생태계를 다시 회복하는 일로부터 시작되어야 한다.
특히 정원은 다른 디자인과 달리 살아 있는 생명이 서식하는 자연공간을 만드는 일이다. 그렇기 때문에 정원은 설계하고 관리하는 사람들 뿐만 아니라 자연과도 상호작용하고 관계 맺으면서 지속적으로 성장하고 변화한다. 때문에 정원은 자연 생태처럼 서식하는 생물종의 다양성이 높을수록 생태적 안정성은 물론 순간순간 느낄 수 있는 변화와 신비로움도 커진다.

자연을 대하는 이 거대한 사유의 흐름은
베케정원을 관통하는 중심 가치와
일치한다. 미완으로 시작한 베케는 자연이
그러한 것처럼 다양한 시도와 실험을
하면서 지속적으로 변화하고 성장할
것이며, 생태정원을 근간으로 지속적인
유지관리와 보완을 해 나갈 것이다.
우리는 지금도 생명의 가치가 넘치는
공간, 다양성이 인정받고 존중되는 공간,
상호작용을 하며 성장하고 발전하는
공간을 꿈꾸고 있다.

책이 담고 있는 것

이 책은 베케정원의 의미와 역사, 정원의
내용을 소개하는 글로 크게 '일곱 계절'과
'아홉 정원'으로 구분되어 있다. 일곱
계절은 베케의 시간을, 아홉 정원은
베케의 공간을 이야기한다. '일곱 계절'은
계절에 흐름에 따라 식물상이 어떻게
변화하는지를 보여 주고, 베케정원과
관련된 흥미로운 에피소드, 정원과 관련된
다양한 이야기들을 단편적으로 정리했다.

정원의 흐름을 세심하고 정교하게 구분한
칼 푀르스터의 《일곱 계절의 정원》이라는
책이 너무 인상적이어서 그 책의 계절
구분을 차용했다. 2월에 봄꽃이 피고
겨울과 봄이 혼재되거나 가을과 겨울의
경계가 모호한 제주의 낯선 풍경을 그저
봄, 여름, 가을, 겨울로 설명하기 어려워
일곱 계절로 구분했다.
'아홉 정원'은 베케 조성 과정과 베케를
만들며 고심했던 것들 그리고 특정
주제로 구분되는 베케의 주제원 공간을
하나하나 설명한다. 특히 '베케의
디자인 원리' 부분에서는 아직 정교하게
다듬어지지는 않았지만 오랫동안 정원을
만들어 오면서 서식처 기반의 생태정원과
자연주의정원의 원리를 근간으로 하되,
그것과 더불어 정원에 담아내고 싶었던
것들, 정원을 만들면서 고민했던 것들을
정리해 보았다. 생각이 더 정교하게
다듬어지면 언젠가 다시 한 번 소개하고
싶다.
마지막으로 함께 글을 쓴 이들을
소개한다. 고설은 제주 비오토피아

생태공원 설계 시절부터 베케정원 조성에 이르기까지 20년 가까운 시간을 함께 일한 동료다. 자연에서 배운 제주 식물 생태를 기초로 정원식물 재배를 비롯해 정원디자인까지 다양한 정원 관련 분야의 탁월한 전문가다. 이 책의 편집을 맡아 글을 정리하고 문장을 다듬어 주었다. 조경을 전공한 신준호는 대학 시절부터 미국조경가협회 상을 받았을 정도로 우수한 인재다. 5년 전 더가든에 입사해 베케는 물론 주상절리 경관조성 국제공모를 비롯해, 아모레성수, 한남 모노하, 남산 피크닉 등 더가든의 주요 프로젝트를 함께했다. 그는 이 책의 기획과 베케정원의 조성 과정을 정리해 주었다.

베케정원은 더가든의 모든 사람들이 함께 논의하고 궁리하며 만들었고, 직접 정원사로 참여해 식물을 심고 잡초를 뽑으며, 정원을 만들어 나가고 관리하고 있다. 저자로 함께 참여해 준 직원들은 물론 김미홍, 김소연, 김은영, 라쥬, 마덥, 박나혜, 박서현, 박선영, 서권식, 신복희, 신윤지, 조원희, 지소희, 최근영, 편지영, 황아미 등 베케정원을 만들고 정성껏 관리해 주는 모든 분들에게 감사하다. 특히 25년간 몸담고 있던 공직을 떠나 기꺼이 굳은 일을 마다하지 않고 내조해 주는 동료이자 동반자인 아내 오순복과 항상 응원해 주며 함께하는 아들 김규성, 김문성에게도 고마운 마음을 전한다.

김봉찬 더가든 대표

정원이 들려주는 이야기

그저 밥벌이로 시작한 일이었다. 대단한 포부도 열망도 없었다. 낯선 식물 이름을 외우고 익숙하지 않은 컴퓨터 프로그램과 씨름하면서, 어떤 날은 삽을 들고 어떤 날은 호미를 들어 그렇게 20여 년 정원일을 하며 살았다. 첫 직장에서 우연히 만난 나의 사수는 백지 같았던 내게 끝도 없는 정보들을 쏟아 냈고, 하나를 다 익히기도 전에 또 다른 숙제와 고민이 더해져 잠을 미루어야 하는 날들이 많았다.

그러나 때에 맞추어 씨앗을 뿌리고, 물을 주고, 매일같이 돋아나는 잡초를 뽑다 보면 고단한 몸과 달리 이상하게 마음이 가벼워졌다. 식물들도 종마다 각자 삶의 방식이 있어 지켜보며 살피되 그들의 방식을 존중하고 필요할 때 적당히 도움을 주면 되었다. 신기하게도 식물을 키우는 일은 아이를 키우는 일과 크게 다르지 않았고 덕분에 나는 두 아이를 수월하게 키울 수 있었다.

내가 돌보던 나무들은 크게 자라 지금 베케정원을 지키고 있다. 손가락만 한 모종부터 키운 솔비나무와 목련은 이제 내 키보다 훨씬 커져 한참을 올려다보아야 그 끝을 헤아릴 수 있을 만큼 성목이 되었고, 작은 가지를 하나하나 잘라 삽목해서 키운 서양측백나무 '에메랄드 그린'은 베케정원의 상징과도 같은 나무가 되었다. 그들이 계절의 흐름을 따라 새잎을 내고, 꽃을 피우고, 가지를 펼치고, 뿌리를 단단히 하는 것처럼 나는 내 아이들도 그렇게 자기만의 수형으로 자기만의 색채로 자기만의 꽃을 피우며 살아가는 어른이 되길 소망하고 있다. 나무들이 크고 내 아이들이 자라는 동안 나도 마흔이 넘는 중년이 되었다. 사람이 나고 가는 것은 자연의 이치이고 모든 생명은 그 순환의 연결고리 속에서 놀라운 힘을 발휘하며 확장되어 간다.

정원에서 나는 우리가 모두 다르지
않다는 사실을 깨달았다.
어느 순간 어느 지점에 나는 존재하고
있지만, 다시 생각해 보면 자연의 모든
것은 그 형태와 이름을 달리할 뿐 다
손잡고 있는 하나의 뿌리인 것 같다.
나와 내 아이가, 나무와 흙이, 새와 나비가
다 같은 서사 안에서 엮어지는 하나의
이야기였다.
나는 지금 회사를 떠나 남편과 작은
농장을 일구며 살아간다. 그 사이 베케의
성장은 늘 반가운 소식이었고, 내 흔적이
묻어 있는 땅 위로 새로운 사람들이
찾아와 발자국을 겹치고 시선과 마음을
모아 주는 것이 내심 흐뭇했다. 이 책은
그 고마움을 갚는 나의 작은 답례다. 한때
나의 사수였고 오랜 친구이며 선배인
김봉찬 대표의 생각들을 함께 정리하면서
혼자서 조용히 고마운 마음을 담아 본다.
편안하게 듣고 이 작은 정원이 들려주는
이야기에 궁금한 마음을 더해 주면 좋겠다.

고설 　전 더가든 과장

지구별 여행자를 위한 안내서

제주 토박이인 두 저자들과 달리 나는 태생적으로 떠돌이의 삶을 타고났다. 국토개발이 한창이던 1980년대에 토목기사였던 아버지를 따라 전국 오지를 떠돌며 유년기를 보냈고, 해외 근무를 마치고 돌아온 아버지와 부모님의 고향인 원주에 정착하여 온 가족이 함께 지낸 10년 세월을 제외하면 대학·군대·직장 등 상황에 따라 이곳저곳을 옮겨 다니며 유목민 같은 삶을 살았다. 대학원 졸업 후 첫 직장이었던 조경설계사무소를 그만두고 프리랜서로 활동을 이어 가며 틈이 날 때마다 떠났던 여행이 계기가 되어 2015년 무작정 제주로 이주했고, 운 좋게도 곧바로 취직이 되었다. 그렇게 더가든에서 6년이라는 시간을 보내는 동안 다양한 프로젝트에 참여하며 현장 경험을 쌓을 수 있었고, 제주의 오름과 숲, 바닷가를 비롯해 국내외 자생지와 식물원 등 수많은 정원들을 돌아다니며 자연과 디자인의 세계에 새로이 눈을 뜨게 되었다. 특히 베케 프로젝트는 초기 기획 단계부터 참여해 설계·시공은 물론 관리와 운영까지 모든 과정에 직간접적으로 관여해 귀한 경험을 할 수 있었다. 사내 공모에 제안했던 '베케'라는 이름이 하나의 브랜드가 되어 많은 사람들의 입에 지속적으로 오르내리게 된 것은 오래도록 간직할 소중한 기억이다. 베케정원은 매일같이 출근하는 사무실과 바로 이어져 있어 조성 이전의 모습은 물론이고 조성 후 정원이 변화되는 과정 역시 지속적으로 관찰하고 기록으로 남길 수가 있었다. 새로운 시작을 위해 정든 사무실을 떠났지만 그렇게 한편에 차곡차곡 쌓아 두었던 자료들과 추억의 단편이 모여 한 권의 책으로 만들어진다니 감회가 새롭다. 또한 그동안 내가 보고 만지고 느끼고 생각했던 것들을 보다 많은 이들과 공유할 수 있다는 사실에 감사할 따름이다.
베케를 사랑하는 사람들이 있었기에
아모레성수나 모노하한남 같은 상업적인
공간부터 피크닉 어반포레스트가든 같은
전시 프로젝트까지 서로 다른 공간에
자연과 디자인에 관한 일관된 철학이 담긴
생태적인 정원을 조성할 수 있었다. 비록
인위적으로 조성되는 정원이지만 완성된
모습이 사람들로 하여금 자연이 지닌
아름다움을 새롭게 바라볼 수 있게 해
주고, 지구에 잠시 머물다가는 여행자이자
생태공동체의 일원으로 다른 생명들의
소중함을 다시금 깨달을 수 있게 해 주는
공간이 되길 바라는 마음과 기대를 담아
최선을 다해 만들었다. 시간이 흐르면서
점점 무르익어 가는 이 정원들에 관한
기록들도 언젠가 책으로 만들어지길
기대하며, 그 책들이 지구별 여행자들을
위한 안내서로서 많은 이들에게 읽히길
바란다.

신준호　가든 스튜디오 연수당 대표

(차례)

4 　추천사
12 　들어가는 글

Part 1
베케의 일곱 계절

초봄

32 　새로운 시작, 생명이 움트는 시간
36 　봄의 전령, 구근류
42 　점점 풍성해지는 이른 봄 화단
47 　식물 공부의 시작은 '속'
50 　목련, 부풀어 오르는 봄
55 　정원에서 목련을 키우고 싶다면
58 　봄의 꽃잔치

봄

66 　낙엽수가 깨어나는 시간
72 　퍼너리, 양치식물의 집
78 　양치식물을 잘 키우려면
80 　푸른 이끼 위로 솟아오르는 봄
88 　4월과 5월, 절정을 맞은 봄의 얼굴
94 　5월을 화려하게 수놓는 만병초
98 　만병초를 죽이는 열 가지 방법
102 　위태로운 아름다움, 떡진머리정원

초여름

110 　한 걸음 뒤로 물러서는 봄
116 　외유내강, 덩굴손의 미학
118 　정원이 가장 화려해지는 시기, 초여름
122 　가는잎나래새의 갈색 물결
126 　장마, 원시의 세계로 이끄는 통로
130 　매혹적인 은녹색 식물들
134 　정원의 불청객 우산이끼
136 　이끼의 이동
138 　여름철 이끼정원을 관리하려면

여름

142 　짙어진 여름, 7~8월의 식물들
147 　햇살과 바람을 순하게 만들어 주는 낙엽수
152 　나무를 모아 심는 방법
157 　자연의 숲을 이해하려는 노력
162 　빛의 정원
169 　대경관을 연출하는 힘, 하이스케일
172 　태풍이 지나가는 길목

가을

176 　가을로 가는 길
179 　태풍이 지나간 후에 꽃을 피우는 식물들
182 　가을꽃길, 흰꽃나도사프란
184 　'핑크뮬리'의 분홍색 물결
188 　다시 피어나는 '루비그라스'
191 　지구의 모든 식물은 정원식물

늦가을

- 196 가을색으로 가득한 이끼정원
- 202 늦가을 풍경 속 이삭의 군무
- 208 수크령의 대담함
- 211 단풍, 식물들의 겨울 준비
- 216 베케의 그라스
- 221 그라스의 땅 초지와 제주 오름

겨울

- 226 소용히 나가온 손님
- 229 이끼정원의 겨울
- 234 생명을 보듬는 '틈'의 세계
- 238 겨울을 푸르게 나는 식물들
- 242 거리를 두어야 아름다운 것들
- 245 풀의 단풍, 갈색의 아름다움
- 248 사초의 품격
- 254 겨울의 초원, 폐허정원
- 258 겨울정원의 보석, 말채나무
- 262 다시, 봄으로

Part 2
베케의 아홉 정원

베케정원의 디자인 원리

- 268 힘의 질서로 만들어지는 자연미
- 272 점·선·면의 조화

- 276 빛과 어둠
- 282 깊이감
- 284 '작은 것'을 생각한다
- 286 시퀀스
- 288 자연을 마주하는 자세

베케를 이루고 있는 아홉 정원

- 292 입구정원
- 302 이끼정원
- 308 빗물정원
- 314 퍼너리
- 322 낙우송정원
- 332 두 개의 폐허정원
- 346 나뭇길
- 352 실험정원
- 356 재배정원

부록

- 363 치밀하게, 엉성하게
  베케의 어제와 오늘

- 376 베케정원 식물 목록

Part 1

베케의 일곱 계절

초봄 _____

봄 _____

초여름 _____

여름 _____

가을 _____

늦가을 _____

겨울 _____

첫 번째
계절
초봄

새로운 시작, 생명이 움트는 시간

2월이 되면 정원은 분주해진다. 계절이 빨리 시작되는 제주의 정원은 이른 봄맞이로 정신이 없다. 코끝으로 느껴지는 바람은 여전히 시리고 아직 꽃샘추위도 남아 있지만, 갑자기 따뜻해진 햇살은 식물들을 부추기고 여유를 부리던 정원사는 마음이 조급해진다. 온실에서는 서둘러 파종 준비가 시작되고 화단에서는 겨울을 넘긴 두해살이 잡초와 씨름이 벌어진다.

베케 돌담으로 이어지는 화단에서는 매실나무 '펜둘라'처진매실나무, 수양매실나무, 능수매화가 꽃을 피운다. 땅으로 길게 늘어지는 가지마다 생명이 물처럼 흘러넘친다. 백서향도 하얗게 피어 향을 전하고 삼지닥나무와 풍년화속*Hamamelis* 식물도 꽃망울을 터트린다. 시린 바람 끝에서는 달콤한 향이 묻어나고, 설명할 길 없는 따뜻한 기운이 정원 곳곳에 스며든다. 해마다 이맘때가 되면 정원사들은 피어난

매실나무 '펜둘라'

꽃마다 사진을 찍고, 늦은 시간까지 책상 앞에 앉아 미처 익히지 못했던 식물 정보들을 뒤적거려 본다. 봄소식은 늘 새로운 각오를 다지게 하고 처음 정원 일을 시작했을 때 가졌던 마음을 상기시킨다. 그 사이 아카시아속 *Acacia*과 목련속 *Magnolia* 식물의 꽃눈은 잔뜩 부풀어 오르고 겨우내 잎을 올린 구근류들의 꽃은 만개하여 감탄을 자아낸다.

그러나 정원에는 아직도 마른 잎이 무성하다. 나무들은 가지가 선명하고 겨울 동안 이어지던 갈색의 향연도 그대로다. 마른 억새 *Miscanthus sinensis* var. *purpurascens*는 바람에 부딪혀 서걱거리고 죽은 벌레의 껍질은 땅 위에서 부스러진다. 제주의 2월, 정원에는 산 것과 죽은 것, 잠든 것과 깨어 있는 것이 제멋대로 뒤섞여 함께 머문다. 묵은 잎이 쌓인 자리마다 어린 생명은 다시 돋아나고, 정원은 그렇게 가장 극명한 대비를 보여 주며 생명의 순환을 일깨우고 있다.

↑ 겨울을 푸르게 넘긴 암대극이 마른 풀과 어우러지고 있는 폐허정원의 모습
↓ 삼지닥나무

↑ 은방울수선이 땅을 뚫고 돋아 나와 이른 꽃을 피운다.
↑ 풍년화속 식물
↓ 서향

봄의 전령, 구근류

지난해 겨울부터 잎을 올리던 구근류들이 본격적으로 꽃을 피우기 시작한다. 향기별꽃 Ipheion uniflorum 을 비롯해 설강화 Galanthus nivalis, 갈란투스와 은방울수선 Leucojum aestivum 그리고 크로커스속 Crocus 과 몇몇 수선화속 Narcissus 식물들이 차례로 꽃망울을 터트린다. 아직 바람은 시리고 정원 곳곳에 겨울의 잔재가 남아 있지만, 겁 없이 돋아난 어린 생명은 꽃 피우는 일에 여념이 없다.

이즈음 제주의 숲에서는 변산바람꽃, 세복수초, 새끼노루귀 등이 한창이다. 이들은 마치 겨울을 깨고 나온 것처럼 아직 눈도 녹지 않은 숲 바닥에서 꽃을 피운다. 낙엽수 잎이 하늘을 가리기 전에 부지런히 땅 위로 솟아 생장에 필요한 빛 에너지를 얻고 녹음이 짙어지는 초여름이면 서둘러 땅으로 돌아간다. 기회를 포착하는 영리함과 도전을 두려워하지 않는 용기로 가득한 식물들이다.

베케정원의 목련 밑에서는 레티쿨라타붓꽃 Iris reticulata cv. 이 꽃을 피운다. 청나래고사리 Matteuccia struthiopteris 와 비비추속 Hosta 식물이 아직 겨울잠에서 깨어나지 않은 고요한 땅 위로 제일 먼저 돋아나 하늘을 마주한다. 키가 한 뼘도 되지 않는 이 작은 식물은 강력한 흡입력으로 사람을 유인하는데, 이들이 그려 내는 놀라운 색채와 형태미를 감상하려면 땅 가까이 다가가 허리를 구부리는 예를 갖추어야 한다.

폐허정원에서는 푸른 빛을 잃지 않고 겨울을 넘긴 암대극 Euphorbia jolkinii 과 방금 꽃을 피운 은방울수선이 어우러진다. 봄기운으로 부푼 암대극이 정원의 중심을 잡고 그 사이로 은방울수선이 잎을 뻗으며 들어차기 시작한다. 둥근 반구형 암대극과 선형의 은방울수선은 형태와 높낮이의 대비를 이루며 화단의 리듬을 만들어 낸다. 지면보다 높이 위치한 폐허정원 화단은 봄의 선두가 되고 이곳에서 뿜어져 나오는 따뜻한 기운이 정원 전체로 퍼져 나간다.

↑ 수선화속 식물
↑ 향기별꽃
↓ 셀로위아눔향기별꽃

봄볕에 부풀어 오른
암대극과 마른 그라스
사이로 은방울수선이
잎을 뻗어 공간을 메운다.
종처럼 매달린 작은 꽃은
화단 위로 하얀 점을
흩뿌려 다른 식물들을
서로 어우러지게 만들어
준다.

이른 봄에 피는 베케의 구근식물

가나다순

레티쿨라타붓꽃 '알리다' *Iris reticulata* 'Alida'

이른 봄에 꽃을 피우는 키 작은 붓꽃이다. 잎과 함께 진한 푸른색 꽃을 피운다. 꽃잎 중앙에 선명한 노란색 무늬가 도드라진다.

레티쿨라타붓꽃 '캐서린 호지킨' *Iris reticulata* 'Katharine Hodgikin'

이른 봄에 꽃을 피우는 키 작은 붓꽃이다. 잎보다 먼저 아름다운 무늬를 지닌 은은한 푸른색 꽃을 피운다. 눈 덮인 화단 위로 파스텔톤의 여린 꽃잎을 꿋꿋하게 내밀며 봄을 알린다.

수선화 *Narcissus tazetta* var. *chinensis*

정원 경계를 따라 늦가을부터 잎이 나온다. 1월이면 꽃을 피워 정원 안에 향을 담는다. 잎은 은녹색으로 밝고 꽃은 흰색과 노란색이 어우러져 맑고 또렷하다.

수선화 '테이트어테이트' *Narcissus* 'Tete-A-Tete'

작고 노란 나팔 모양 꽃을 피우며, 키는 20센티미터 내외다. 밝고 경쾌한 분위기의 꽃은 2월과 3월의 경계에 낙우송정원 봄 화단을 가득 메운다.

은방울수선 *Leudojum aestivum*

설강화와 유사한 느낌이지만 훨씬 크고 풍성하다. 제주에서는 2월 중순에 꽃을 피우고 3월에도 오랫동안 꽃이 남아 있다. 하얀색 꽃이 몇 개씩 모여 아래를 향해 피고, 꽃잎에 하나씩 찍힌 녹색 점이 인상적이다. 폐허정원과 낙우송정원에서 볼 수 있다.

크로커스 '크림 뷰티' *Crocus chrysanthus* 'Cream Beauty'

가늘고 선명한 초록색 잎 위로 크림색 꽃잎이 둥글게 모여 피어난다. 이른 봄에 꽃을 피우고 다른 식물과 어우러짐이 좋다. 키 작은 그라스 사이, 또는 화단 가장자리에 모아 심으면 좋다.

향기별꽃 *Ipheion uniflorum*

겨울 동안 잎을 내고 2월이 되면서 꽃을 피운다. 잎은 곡선을 그리며 눕듯이 휘어지고 꽃은 별 모양으로 피어 잎을 덮는다. 꽃색은 옅은 분홍색으로 은은하지만 꽃이 귀한 계절에 시선을 압도한다.

셀로위아눔향기별꽃 *Ipheion sellowianum*

향기별꽃과 같은 속 식물이다. 전체적인 형태는 유사하나 향기별꽃에 비해 잎이 좀 더 둥글게 말리고 선명한 노란색 꽃이 핀다.

점점 풍성해지는 이른 봄 화단

고요하던 이끼정원에도 봄은 깃든다. 나무들은 여전히 겨울에 머물러 있지만, 이끼들은 봄기운과 함께 싱그러운 초록빛을 뿜낸다. 솔이끼*Polytrichum commune*는 잎마다 포자낭을 달아 번식을 준비하고 돌단풍*Mukdenia rossii*도 꽃망울을 부풀려 꽃피울 시기를 살핀다. 꼬랑사초*Carex mira*의 묵은 잎은 완전히 말라 힘을 잃었지만, 빠르게 돋아나는 새잎은 연녹색으로 반짝거린다. 묵은 잎과 새잎이 뒤섞인 자리마다 하나둘 꽃대가 올라오고 베케의 사초들 중 제일 먼저 꽃소식을 전한다.

월계분꽃나무도 본격적으로 꽃을 피운다. 광택이 없는 묵직한 청록색 잎과 늦가을부터 돋아난 붉은 꽃망울은 겨울과 봄 사이 마른 질감과 바랜 색감 속에서 단단하게 균형을 유지하며 어우러진다. 안정감 있는 수형은 정원의 골격을 유지하며 든든하게 중심을 잡아 준다. 하나둘 피어난 꽃은 붉은 꽃눈 사이로 점점이 박혀 도드라지고 봄기운과 함께 빠르게 피어 재빨리 하얗게 색을 바꾼다. 폐허정원의 그라스들은 아직 겨울잠에서 깨어나지 못했다. 그러나 아미속*Ammi* 식물과 캘리포니아포피 '아이보리 캐슬'*Eschscholzia californica 'Ivory Castle'*의 어린순은 싱그러운 녹색을 품어 땅을 덮는다. 이 도전적인 식물들은 지난해 가을부터 새잎을 내고 푸른 모습으로 겨울을 넘겨 봄의 시작과 함께 자라기 시작한다. 햇살이 비집고 들어올 수 있는 작은 틈만 주어지면 기회를 놓치지 않고 싹을 틔워 몸을 키우는 민첩하고 성실한 식물들이다. 늦봄부터 초여름까지 절정에 달하지만, 아미속 식물의 경우 겨울잠에 취한 억새의 마른 잎 사이에서 레이스처럼 곱게 짜인 산형의 꽃을 내어 달기도 한다. 구근류를 중심으로 한 베케정원의 이른 봄꽃들은 1~2월부터 개화를 시작해 3월까지도 꽃을 유지한다. 은방울수선의 경우 목련속 식물들이 차례로 꽃을 피우고 난 후 암대극이 꽃망울을 터뜨릴 때까지

↑ 이끼는 포자낭을 달아 번식을 준비한다.   ↓ 봄 햇살과 함께 돌단풍도 꽃대를 올린다.

나무들은 아직 겨울에
머물러 있지만, 이끼들은
봄기운과 함께 싱그러운
초록빛을 뽐낸다.

한 달이 훨씬 넘는 기간 동안 꽃을
피우기도 한다. 일반적인 식물들의
개화기가 20일을 넘기기 어려운 것에
비하면 상당히 이례적이며 긴 시간이다.
아마도 기온이 더디게 오르는 이맘때
날씨가 오래도록 꽃을 붙들고 놓아 주지
않는 모양이다. 덕분에 먼저 핀 꽃들이
떠나지 않은 자리에 새로운 꽃들이 더해져
이른 봄의 화단은 시간이 흐르며 점점
풍성해져 간다.

↑ 지난해 묵은 잎 사이로 꼬랑사초가 꽃을 피운다.
↑ 겨울과 봄 사이 꽃을 피우는 월계분꽃나무
↓ 폐허정원에서는 잎이 마른 억새 사이로 아미속
  식물의 어린순이 부지런히 돋아 나온다.

식물 공부의 시작은 '속屬'

사계절이 뚜렷한 온대지방의 정원에서 봄은 새로운 시작을 의미한다. 겨우내 잠을 자던 식물들이 하나둘 깨어나면 마치 새해가 시작되듯 계절의 흐름도 새로운 시작을 맞이한다. 겨울 잡초를 매는 구부린 등 위로 오후 햇살이 따사롭게 내리쬐는 어느 날, 마른 땅 위로 어린 생명이 솟아오르는 것이 보인다. 순간 정원이 매우 정교하고 섬세한 자연의 체계에 맞추어 질서 정연하게 순을 올리고 꽃을 피우면서 생명의 순환을 이어 나가고 있다는 사실을 깨닫는다. 이 순환의 시작점에 있으면 정원 일을 하는 사람은 누구나 마음속으로 새로운 각오를 다지게 된다. 그 각오 중에는 분명 식물 공부도 포함되어 있을 것이다. 정원 관련 일을 하다 보면 늘 식물 공부 욕심이 생긴다. 계절의 흐름에 맞추어 새롭게 피어나는 꽃들과 눈을 맞추며 그들의 생김새와 이름을 하나하나 기억하고 싶어진다. 그래서 누군가는 사진을 찍고, 누군가는 그림을 그리고, 누군가는 확대경loupe을 들어 식물을 자세히 들여다본다. 방식은 달라도 모두 식물을 향한 관심과 애정의 표현일 것이다. 그러나 지구에는 너무나 많은 식물이 있다. 도감을 펼치면 아득하고 원예시장에서는 새로운 품종들이 계속해서 쏟아져 나온다. 거기다 세상 어딘가에는 아직 알려지지 않은 식물도 무수히 많다. 이 많은 식물을 언제 다 공부할 수 있을 것인가.

식물 공부를 쉽게 하려면 속Genus으로 공부하는 것이 좋다. 속은 식물 분류를 위한 첫 번째 묶음으로 하나의 과 안에서 나누어진다. 예를 들어 만병초 학명은 *Rhododendron brachycarpum*이다. 여기서 '로도덴드론Rhododendron, 진달래속'이 바로 속이다. 우리가 알고 있는 철쭉*Rhododendron schlippenbachii*, 진달래*Rhododendron mucronulatum*, 참꽃나무*Rhododendron weyrichii* 등이 모두 로도덴드론속 식물이다. 속은 매우 가까운 근연종을 모은 집단으로 같은 속 식물은 한 조상에서 파생되어 확장된 것이다.

그래서 속이 같으면 유전적으로 가깝고
식물의 외형이나 생육환경 등이 흡사한
경우가 많다. 외모도 식성도 성격도 닮은
한 가족 같은 느낌이랄까.

속으로 식물을 공부하면 그 속에 해당하는
여러 식물의 공통적인 특성을 익히게
된다. 다시 말해 같은 속 식물을 한 번에
공부하는 셈이다. 로도덴드론속의 경우
그 안에 약 500여 종 이상의 자생종과
수만 종의 재배품종이 포함되어 있으니
엄청나게 많은 식물의 유사한 특성을
한 번에 알게 된다. 물론 예외도 있지만,
그것은 필요에 따라 확인하면 그만이다.
가령 처음 보는 품종명이 있다고 하자.
생소한 이름과 성체가 되었을 때의 형태를
가늠하기 어려운 작은 모종 앞에서 우리는
자주 절망하곤 한다. 그러나 그 식물의
속명을 알고 있고 그 속의 공통적인 특징을
인지하고 있다면 이 식물이 어떤 형태로
성장할지, 어떤 환경에서 자라게 될지
대략적인 정보를 떠올리며 유추해 볼 수
있다. 이러한 몇 가지 특징들은 우리에게
정보와 더불어 자신감을 안겨 줄 것이며,
생소했던 식물은 금세 친근하게 다가올
것이다. 결국 하나하나 공부해야 한다는
사실은 변함없을지도 모르지만, 속에 관한
기본 지식이 갖추어진 상태에서 개별적인
종의 정보를 받아들이는 일은 엄청난
가속도가 붙는다.

식물을 이렇게 속으로 공부하다 보면
식물의 공통점을 찾게 되는 습성이 생긴다.
그리고 자연스럽게 유사한 특징을 찾아
식물을 묶거나 나누게 된다. 이것이 식물
분류의 첫 단계다. 이런 과정을 되풀이하다
보면 머릿속에 식물의 계통 관계가
그려지고 처음 보는 식물도 기존에 알고
있던 식물 그룹의 특징을 떠올리면서
대입하여 대략 무슨 '속'인지 혹은 무슨
'과'인지 짐작할 수 있다. 그리고 더 나아가
공부가 깊어지면 식물의 형태를 보면서
그 식물의 서식처 특성을 유추하게 되고
자연스럽게 재배 방법이나 관리 방법도
파악할 수 있게 된다. 진정한 고수가 되는
것이다.

유사한 식물들을 서로 비교하면서 공부하면 속 또는
과의 특징을 파악하기 쉽다. 베케에서는 종종 꽃놀이를
하듯 같은 속 또는 같은 과 식물들을 모아 놓고 비슷한
점과 다른 점을 관찰하는 시간을 갖곤 한다. 위 사진은
같은 시기에 꽃을 피운 여러 국화과 식물, 아래 사진은
다양한 목련속 식물의 꽃

목련, 부풀어 오르는 봄

2월을 넘어서면 목련의 꽃눈은 한계에 이른다. 당장이라도 터질 것처럼 팽팽해진 꽃눈은 긴장과 설렘으로 가득 차 있다. 이 작은 꽃눈 속에 커다란 꽃잎과 섬세한 꽃의 체계가 모두 담겨 있다는 사실이 그저 놀라울 뿐이다. 꽃눈을 바라보며 저마다의 색채로 피어날 꽃들을 상상하는 일은 이맘때 가장 신나고 가슴 뛰는 일이다. 해마다 그 시작이 다르긴 하지만 2월 15일을 전후해 큰별목련 '도나'*Magnolia × loebneri* 'Donna'와 목련 '조 맥다니엘'*Magnolia* 'Joe Mcdaniel' 등이 꽃눈을 터트린다. 아직 잎도 돋지 않은 빈 가지마다 꽃은 색이 되어 여백을 채우고 하늘은 꽃이 그려 내는 색으로 물이 들어 그야말로 오색 창연해진다. 베케의 목련은 2009년부터 천리포수목원 등지에서 어린 모종을 가져와 키운 것으로, 현재 더가든 농장에서 약 80여 종이 재배되고 있다. 그중 30여 종이 베케정원에 남아 크게 성장했는데,

이제는 사계절 정원의 골격을 잡아 주고 봄을 상징하는 나무로 자리를 잡았다. 베케의 목련은 크게 백목련 Magnolia denudata, 자목련 Magnolia liliiflora, 별목련 Magnolia stellata 각각의 재배품종과 백목련과 자목련의 교배종인 접시꽃목련 Magnolia x soulangeana의 재배품종, 목련과 별목련의 교배종인 큰별목련 Magnolia x loebneri의 재배품종 그리고 노란 꽃을 피우는 브루클린목련 '옐로우 버드' Magnolia x brooklynensis 'Yellow Bird'로 구성된다. 육종의 역사가 길고 복잡한 목련은 수많은 재배품종이 만들어졌지만, 원종과 주요 교배종을 중심으로 구분하면 매우 쉽게 그 특성을 익힐 수 있다. 꽃이 피는 시기도 제각각인데 품종마다 일찍 피는 종과 늦게 피는 종이 구분되며, '옐로우 버드'의 경우 다른 목련들보다 확연하게 늦게 피고 잎과 꽃이 함께 나오는 특징이 있다.

목련의 넓은 꽃잎은 꽃이 지니는 저마다의 색채를 가장 명확하고 사실적으로 보여 준다. 거추장스러운 구조물이 없는 단순한 형태는 꽃이 만개하기 전 둥글게 부풀어 올라 오직 색에만 집중하게 만든다. 여기에 흰색에서 크림색으로, 크림색에서 노란색으로, 노란색에서 연녹색으로 이어지는 은은하고 맑은 색감과 분홍색에서 자색으로, 자색에서 검붉은색으로 이어지는 화려하고 짙은 색감이 꽃마다 담겨 시시각각 공간을 채운다.

목련은 대부분 크고 빠르게 성장해 규모가 작은 정원에서는 적극적으로 심기 어려운 나무다. 제주에 자생하는 목련 Magnolia kobus의 경우도 화단을 뒤덮을 정도의 대형 수종이다. 때문에 작고 천천히 자라는 관목형 별목련은 정원에서 특별한 가치를 지니게 된다. 안정감 있는 수형과 더불어 갈래가 많은 작은 꽃이 매력적인데, 그 모양이 별을 닮아 별목련이라는 이름이 붙은 것 같다. 재배품종도 다양한데 베케의 봄을 대표하는 큰별목련 '도나', 별목련 '제인 플랫' Magnolia stellata 'Jane Platt', 별목련 '센테니알' Magnolia stellata 'Centennial' 등이 모두 별목련 품종들이다.

↑ 베케의 목련 중에서 가장 먼저 꽃을 피우는 큰별목련 '도나'

↓ 베케정원의 옛 모습. 베케는 과거 목련과 만병초를 재배하던 농장이었다.

↑ 이른 봄 정원 곳곳에서 목련이 꽃을 피운다.
정원의 골격을 잡아 주는 목련은 베케의 봄을
상징하는 나무로 자리를 잡았다.

↓ 이끼정원의 별목련 '제인 플랫'

정원에서 목련을 키우고 싶다면

우리는 간혹 꽃의 아름다움에 빠져 식물을 구입해 심었다가 생각지 못했던 식물의 변화에 당황할 때가 있다. 또 식물의 특성을 모르고 엉뚱한 방식으로 과잉 애정을 쏟아부어 의도와 다르게 식물을 죽이기도 한다. 상대의 생각과 생활방식을 이해하고 그것을 존중해 주어야 좋은 관계를 맺을 수 있는 것처럼 식물도 그들의 서식환경과 특성을 이해하고 이에 맞게 재배해야 제대로 키울 수 있다. 식물을 키우는 일은 단순한 수집이나 전시보다 함께 어우러져 살아가는 하나의 공동체를 만드는 것과 비슷하다. 식물은 살아 있는 생명이고 그들 모두 각자 살아가는 방식이 있다. 이것을 명확히 인지하고 배려했을 때 정원은 가장 건강하고 아름다운 모습으로 우리와 교감할 것이다. 정원에서 목련을 키우는 일도 마찬가지다. 목련을 구입하기 전에 먼저 목련에 관해 공부하고 이해하는 것이 중요하다.

① 목련은 오래전부터 사랑받아 온 세계적인 화목류다. 온대지방에서 자라는 나무 중에서 가장 크고 화려한 꽃을 피운다. 꽃과 더불어 나무도 크고 빠르게 성장하기 때문에 나의 정원 규모와 성격에 맞는지 고려해야 한다.

② 원종만 120여 종이 넘고 원예품종은 수천 종에 달해 꽃의 색과 형태가 매우 다양하다. 내가 사려고 하는 목련의 이름학명을 정확히 알아야 그 목련에 관한 구체적인 정보를 추가로 찾아볼 수 있다.

③ 목련은 이른 봄에 일찍 꽃을 피워 봄의 전령 역할을 한다. 특히 잎보다 꽃이 먼저 피는 품종들은 나무 전체가 꽃으로 둘러싸여 환상적인 경관을 만들어 낸다. 일반적으로 매화가 절정을 이루고 난 후 피기 시작해 벚꽃이 피기 전까지의 시간을 꽃으로 채워 준다.

④ 목련 품종을 모아 전시하는 목련원 magnolia garden은 절정기인 3~4월제주는 2~3월에 로맨틱한 분위기와 향기로 가득해진다.

⑤ 목련 꽃은 각종 벌과 나비 그리고

새들을 불러 모은다. 원래는 딱정벌레가 수분을 하는데, 그 외에도 다양한 곤충들을 유인한다. 특히 나무가 크게 자라면 새들이 찾아와 정원이 새소리로 가득해진다.

⑥ 토양 조건을 까다롭게 가리지 않아 다양한 유형의 토양에서 무난히 적응한다. 그러나 물빠짐이 좋고 습기가 유지되며 부엽토가 풍부한 토양을 가장 선호한다.

⑦ 어린나무의 껍질이 얇다. 잔디밭에 독립수로 심은 경우 예초기 같은 기계 피해가 없도록 유의해야 한다. 이를 방지하기 위해 주변에 화단을 조성해 초본식물을 심어 주는 것도 좋다.

⑧ 잎이 유난히 큰 종류는 강한 바람에 찢어지기 쉽다. 가지가 빠르고 길게 뻗어 태풍에 부러지는 경우도 많다. 바람을 차단할 수 있는 공간에 심거나 태풍이 오기 전에 가지치기를 하는 것이 좋다.

⑨ 목련 중에서 일찍 꽃을 피우는 종류는 서리나 갑작스러운 꽃샘추위에 피해를 볼 수 있다. 추운 지방에서는 너무 일찍 꽃이 피는 품종은 가급적 피하는 것이 좋다.

⑩ 목련은 크고 빠르게 성장해 한 번 심어 정착하면 이식이 어렵다. 이식을 해도 2년 가까이 몸살을 앓아 성장이 매우 더디다. 정원에 목련을 심을 때는 작은 묘목을 구입해서 심고 특성을 잘 파악해 신중하게 위치를 정해야 한다.

제주에서 목련은 2월 중순이면 꽃을 피우기 시작해 3월과 함께 절정을 맞이한다. 목련 꽃이 피는 시기가 오면 정원은 로맨틱한 분위기와 달콤한 향기로 가득해진다.

베케의 목련

가나다순

목련 '갤럭시'
Magnolia 'Galaxy'

목련 '베티'
Magnolia 'Betty'

목련 '스펙트럼'
Magnolia 'Spectrum'

목련 '조 맥다니엘'
Magnolia 'Joe Mcdaniel'

목련 '프리스틴'
Magnolia 'Pristine'

별목련 '제인 플랫'
Magnolia stellata 'Jane Platt'

별목련 '센테니얼'
Magnolia stellata 'Centennial'

브루클린목련 '옐로우 버드'
Magnolia × *brooklynensis* 'Yellow Bird'

접시꽃목련 '루스티카 루브라' *Magnolia* × *soulangeana* 'Rustica Rubra'

접시꽃목련 '버바니카'
Magnolia × *soulangeana* 'Verbanica'

접시꽃목련 '피카드즈 루비'
Magnolia × *soulangeana* 'Pickard's Ruby'

큰별목련 '메릴'
Magnolia × *loebneri* 'Merrill'

큰별목련 '파우더 퍼프'
Magnolia × *loebneri* 'Pawder Puff'

봄의 꽃잔치

3월이 되면 이끼정원에서 보이는 목련 꽃들이 베케 돌담 너머로 보이는 하늘을 수놓기 시작한다. 새들은 아직 피지 못한 꽃눈을 쪼아 대며 그들만의 꽃놀이를 즐기고, 정원사는 꽃이 상하는 것이 안타까워 큰소리로 새들을 쫓는다. 이렇게 부질없는 일들이 이어지는 동안 큰별목련 '메릴'과 별목련 '센테니알'은 흰 꽃을 피우고 목련 '스펙트럼'과 목련 '갤럭시'는 붉은 꽃을 피운다. 돌담 너머로 피어난 꽃은 사람의 시선을 앗아가 멀리 보내고 시선이 옮아간 거리만큼 이끼정원은 더욱 깊어져 간다.

봄이 무르익으면서 일찍 나온 구근류들이 꽃을 접기 시작한다. 그러나 아쉬울 새도 없이 무스카리속*Muscari* 식물과 산자고속*Tulipa*, 튤립 식물이 연이어 꽃을 피운다. 박태기나무는 가지마다 보라색 꽃을 달아 폐허정원의 배경을 새롭게 단장하고 연잎양귀비*Eomecon chionantha*와 아네모네 물티피다*Anemone multifida*는 가녀린 꽃대를 올려 흰 꽃을 피워 낸다.

이맘때 폐허정원 화단에서는 잔잔하게 누워 있는 모로위사초 '실크 태설'*Carex morrowii* var. *temnolepis* 'Silk Tassel' 위로 나팔수선화*Narcissus bulbocodium*, 벌보코디움수선화가 노란 꽃을 피운다. 꽃은 맑은 노란색 점으로 화단에 흩뿌려지고 우뚝 솟은 용설란 '마르기나타'*Agave americana* cv. 'Marginata', 무늬용설란와 대비를 이루며 절묘하게 어우러진다. 나팔수선화가 가득하고 여전히 은방울수선이 피어 있는 폐허정원은 줄기 끝으로 꽃을 준비하는 암대극과 더불어 1년 중 가장 화려한 시기를 맞이한다.

3월이 끝나갈 무렵 단풍나무 '에디스버리'는 붉게 물들었던 겨울색을 완전히 벗어던진다. 느긋한 목련 '베티'는 개화를 시작하고 어린 포테르길라속*Fothergilla* 식물도 첫 꽃망울을 터트린다. 아카시아 카디오필라*Acacia cardiophylla*와 별목련 '센테니알'은 만개하여 절정을

↑ 이끼정원의 돌담 너머로 목련이 꽃을 피운다.
↓ 3월을 넘어서면서 일찍 나온 구근류들이 꽃을 접기 시작하고 향기별꽃의 뒤를 이어 무스카리속 식물이 꽃을 피운다.

↓ 박태기나무의 보라색 꽃이 폐허정원의 배경을 새롭게 장식한다.
↓ 나팔수선화

이루고, 달맞이글라디올러스 *Gladiolus tristis*는 꽃마다 향을 뿜어 바람마저 달콤해진다. 줄사초 *Carex lenta* 군락 사이로 칼라 *Zantedeschia aethiopica*가 꽃을 올리고 정원은 매일 피어나는 꽃들로 들썩거려 하루도 조용할 날이 없다.

봄 꽃잔치가 한창일 무렵 베케정원에서는 다양한 정원 프로그램이 이어진다. '베케 특강'이라는 이름 아래 정원식물과 정원 조성 기술 등을 주제로 정기 강의가 진행되고, 봄과 가을에는 지역 소규모 원예 농가와 예술가들이 참여하는 가든마켓이 열리기도 한다. 베케의 시작이 그랬듯이 정원을 사랑하는 사람들이 모여 서로 소통하면서 그들의 작은 실천과 노력으로 건강한 정원문화의 기반이 다져지기를 기대하고 있다.

은방울수선, 암대극, 나팔수선화, 튤립이 연이어 꽃을 피우는 폐허정원은 목련과 아카시아속 식물 꽃을 배경으로 1년 중 가장 화려한 시기를 맞이한다.

↑ 줄사초 사이로 어린
  포테르길라속 식물이
  꽃을 피운다.
↓ 달맞이글라디올러스

↑ 봄꽃으로 가득 찬 낙우송정원의 쉼터. 칼라가 개화를 시작하고 정원은 매일 꽃잔치로 떠들썩하다.

↓ 봄과 가을에 지역 농가와 예술가들이 모여 가든마켓을 진행한다. 베케는 재배온실에 플랜트 센터를 마련해 식물을 판매하기도 했다.

두 번째
계절
봄

낙엽수가 깨어나는 시간

3월의 어느 날 일찍 피어난 목련 꽃이 땅으로 떨어져 길을 덮는다. 꽃이 크고 화려했던 만큼 낙화는 덧없어 보이지만 어차피 자연에 머무르는 것은 없으니 상심할 일도 아니다. 생명이 있는 것은 모두 흘러가고 죽은 것은 산 것의 자양분이 된다. 꽃을 비워 낸 목련은 이제 다음 여정을 준비하면 되는 것이다.

정원 안으로 봄이 완연해지면 겨울잠을 자던 낙엽수가 깨어나 새잎을 펼친다. 겨우내 비어 있던 가지의 여백 안으로 초록의 기운이 들어차기 시작한다. 버드나무와 느릅나무의 새잎은 맑은 색감으로 가지를 뚫고, 목련 꽃이 떨어져 나간 자리에도 어린잎은 돋아 나온다. 낙엽수가 깨어나는 4월에는 1년 중 가장 눈부신 초록의 향연을 만날 수 있는데, 녹색이라는 이름 안에 담아 둘 수 없는 수많은 색채가 나무 위에서 한데 어우러진다. 새잎은 분명 작고 여리지만 거대한 생명력을 품어 활기로 가득하다. 맑은 하늘색을 배경으로 아직 남아 있는 봄꽃들과 뒤섞일 때면 정원은 동화책을 펼쳐 놓은 것처럼 우리를 다른 차원의 세계로 이끌어 준다.

입구정원 초입에서는 중국단풍 '하나치루 사토'가 잎을 펼친다. 이 생소한 단풍나무는 오리발처럼 생긴 작은 잎이 거의 흰색에 가까운 살굿빛으로 돋아 나온다. 색을 담고 있다기보다 색을 잃은 듯한 모양새로, 나무가 초라해 보이기도 하고 병약해 보이기도 한다. 이것 또한 어린나무의 전략인 것인가. 그러나 그것도 잠시, 잎을 키운 나무는 점점 생기를 찾고 해가 드리우는 시간이면 찬란하게 반짝거려 정원의 주인공이 된다.

이끼정원에서는 노각나무가 잎을 펼치고 산수국의 어린순도 세상 밖으로 나온다. 가막살나무와 덜꿩나무도 부지런히 잎과 꽃을 준비한다. 폐허정원에서는 예덕나무가 붉은 새잎을 펼쳐 시선을 붙들고, 느릅나무의 어린순은 이미 노랗게 하늘을 물들였다. 제주의 나무들은

기온이 오르면서
낙엽수의 잎이 돋아나기
시작한다.

보통 3월 말부터 순이 나오는데 나무를 옮겨 심으려면 그 전에 서두르는 것이 좋다. 다른 지역과 시기적인 차이가 큰 베케정원에서는 정원의 식물들처럼 사람도 감각적으로 계절의 흐름을 읽어 내야 한다.

↑ 새잎이 노랗게 나오는 느릅나무의 재배품종

↑ 입구정원의 중국단풍 '하나치루 사토'
↓ 낙엽수가 깨어나는 4월은 1년 중 가장 눈부신 초록의 향연을 만날 수 있는 달이다.

↑ 붉게 돋아나는 예덕나무의 새순
↑ 히어리의 새순
↓ 쪽동백나무의 새순. 잎과 함께 꽃을 피울 준비를
　서두르고 있다.

퍼너리, 양치식물의 집

낙엽수의 새순이 하늘로 솟을 때 퍼너리 fernery 벽면에서는 양치식물의 잎이 돋아 나온다. 투박한 제주석의 짙은 어둠을 배경으로 설설고사리 *Thelypteris decursive-pinnata*의 어린순이 펼쳐진다. 수많은 갈래가 질서를 이루는 양치식물의 복잡한 체계가 돌돌 말린 작은 잎 안에서 그대로 그려진다. 이 엄청난 것을 품고 있었으니 얼마나 세상 밖으로 나가고 싶었을까. 일순간 계단 밑 작은 통로는 제주 곶자왈의 함몰지처럼 신비로운 기운을 뿜어낸다.

퍼너리는 양치식물이 사는 집을 의미한다. 1800년대, 영국인들은 아시아·오세아니아·북미 등을 탐험하며 정원의 진귀한 식물을 수집하는데 열광했다고 한다. 당시 수집 목록에는 꽃과 향이 좋은 새로운 식물들과 더불어 지금 우리에게도 낯선 양치식물이 대거 포함되어 있었다. 특히 빅토리아 여왕 시대에 접어들면서 양치식물 채집 광풍 the fern craze이 불면서 양치식물 마니아 pteridomania가 급격히 늘어났고, 북반구 온대 양치식물은 물론 뉴질랜드의 아열대·열대 나무고사리 tree fern, *Dicksonia antarctica*까지 도입되면서 양치식물을 이용한 정원이 유행처럼 번져 나갔다. 당시 사람들은 양치식물을 전시하기 위해 온실을 만들어 가온하거나 햇빛과 바람을 막고 그늘과 공중습도를 유지할 수 있는 시설을 실외에 조성했는데, 그것을 '퍼너리'라 불렀다.

양치식물은 그 종류와 시기에 따라 다양한 녹색을 보여 준다. 새순이 돋을 때면 하나하나 이름을 붙일 수 없는 수만 가지 초록빛과 다양한 붉은 계열 색이 나타난다. 잎이 펼쳐지는 모습은 생명력으로 가득하고 잘게 쪼개지는 형태는 여백 안으로 무수한 선을 그려 내 공간의 유연성을 더한다. 4월이 되면 파초일엽 *Asplenium antiquum*과 큰천남성 *Arisaema ringens*도 새순을 올리는데 광택이 나는 넓은 잎은 갈래를 이룬 다른 양치식물들과 대비를 이루며 정원의 재미를 더한다.

↑ 설설고사리

↑ 광택이 나는 넓은 잎의 파초일엽과 큰천남성은
갈래를 지닌 다른 양치식물들과 대비를 이루어
서로 돋보이게 만들어 준다.

양치식물에는 일반적인 야생화에서 느낄
수 없는 원시적인 아름다움이 배어 있다.
양치식물과 이끼가 만나면 깊은 숲속에서
느낄 수 있는 원시 자연의 신비로움
같은 것이 느껴진다. 더욱이 부드럽게
갈라지는 잎은 대부분 넓은 잎을 지닌
숲속 음지식물들과 대비를 이루면서도
서로 다른 형태를 조화롭게 이어 주는
포용력을 보여 준다.

↑ 관중과 자주괭이밥
↓ 개고사리 *Athyrium niponicum*와 아주가

↑ 낙엽수와 함께
   퍼너리의 양치식물도
   잎을 펼친다. 4월이
   되면 제주는 부쩍
   비가 오는 날이
   많아진다. 고사리가
   나올 때쯤인 4월에서
   5월 사이에 내리는
   고사리장마 기간이
   되면 양치식물은
   하루가 다르게
   성장하며 몸을 키운다.

↑ 이끼정원의
   가는잎처녀고사리

↓ 빗물정원의
   청나래고사리와
   꼬랑사초

양치식물을 잘 키우려면

3월을 넘어서면 빗물정원에서 청나래고사리가 잎을 펼친다. 세상 풍파를 모르는 맑은 연녹색 새잎은 깃털 모양으로 갈라져 섬세한 부드러움을 뽐내며, 갈라진 여백마다 봄볕이 스며들어 형용하기 어려운 음영을 만들어 낸다. 그사이 나도히초미 *Polystichum polyblepharum*는 천천히 잎을 올려 새순을 펼치고, 겨우내 남아 있던 묵은 잎은 땅으로 누워 사라져 간다. 이른 봄꽃들이 꽃을 마무리하는 시기에 양치식물들은 새잎을 펼쳐 숲의 다음 페이지를 이어 가는 모양이다.

대부분의 양치식물은 음지나 반음지에서 잘 자란다. 특히 낙엽수림 하부와 같이 직사광선이 없고 나뭇가지 사이로 빛이 걸러져 들어오는 곳에서 최상의 생육 상태를 유지한다. 양치식물을 재배할 때에는 가급적 햇빛에 노출되지 않도록 유의하고 반음지의 경우 오전 햇살은 들어오되 오후의 강한 직사광선은 피할 수 있는 곳을 선택하는 것이 좋다. 그러나 종마다 서식하는 환경이 다르므로 식물의 자생지 환경을 고려해 식재 조건을 맞추어 주어야 한다.

양치식물은 공중습도가 높은 곳에서 번성한다. 특히 어린순은 쉽게 건조해져 마르거나 잎끝이 타기도 한다. 담이나 나무로 바람을 차단하고 안개분수를 설치해 정기적으로 수분과 습도를 공급해 주는 것이 좋다. 베케정원 퍼너리의 경우 벽면으로 차단된 공간은 바람을 막아 내부 습도를 높여 주고, 이끼정원과 연계된 안개분수는 정기적으로 수분을 공급해 안정된 서식 기반을 마련해 준다. 만약 규모가 큰 정원을 조성하는 경우라면 연못이나 폭포가 있는 계류를 조성해 수경관을 연출하면서도 공중습도를 높여 주는 방법을 고려해 볼 수 있다.

식재용토는 가볍고 배수력과 보습력이 좋아야 한다. 잘 발효된 부엽토와 점질이 없는 마사토를 혼합해 사용하고, 부엽토를 구하기 어렵다면 피트모스 peat moss를 이용하는 것도 좋다. 착생하는 양치식물을

돌담에 심을 때에는 별도의 용토를
사용하지 않고 물에 충분히 불린 수태마른
물이끼로 뿌리에 감싸 이용한다. 지면에
양치식물을 심고 난 후에는 토양의 보습력
유지를 위해 우드칩woodchip이나 바크bark
등으로 멀칭mulching, 땅 표면을 덮어 주는 일을
하는 것이 좋다.

푸른 이끼 위로 솟아오르는 봄

이끼정원에서는 사람주나무의 새순이 돋아 나온다. 푸른 이끼면 위로 단정하게 뻗은 가지마다 붉은 새잎이 반짝거린다. 찬란한 녹음의 향연 속에서 홀로 붉게 서 있는 나무는 단숨에 정원의 주인공이 되어 시선을 붙잡아 놓는다. 계절을 따라 동쪽으로 자리를 옮긴 태양은 빗물정원 너머에서 떠오르고, 높이 오른 빛은 나무마다 스며들어 아직 어린잎들을 부추긴다. 빛과 함께 잎은 자라나고 정원에는 서서히 그늘이 드리운다. 솔비나무는 여전히 겨울에 머물러 있다. 이 느긋한 나무는 발밑에서 비비추 '블루 카뎃'*Hosta* 'Blue Cadet'이 땅을 뚫고 긴잎풀모나리아 '마제스트'*Pulmonaria longifolia* 'Majeste'가 꽃을 피워도 전혀 관심 없다는 듯 그저 무심하게 멈추어 있다. 그러나 빈 가지는 새잎이 무성한 나무들 사이에서 오히려 도드라지고, 봄이 가도록 정원의 여백으로 남아 이끼면 위로 선형의 그림자를 그려 낸다.

이끼정원 곳곳에서는 봄꽃이 한창이다. 새우난초*Calanthe discolor*, 한라새우난초 *Calanthe striata*, 윤판나물아재비*Disporum sessile* 등이 조용히 하나둘 꽃을 피운다. 신중하고 온화한 이들의 성품이 숲의 평온함과 고즈넉함을 그대로 전해 주는

느낌이다. 사실 이 식물들은 자연에서라면 좀 더 나무로 둘러싸인 아늑한 공간에 서식한다. 하지만 베케의 이끼정원에서는 적당한 수분과 습도를 공급해 숲속 식물들이 안정적으로 살아갈 수 있도록 도움을 주는 가는 입자의 안개분수가 정기적으로 분출되는 환경에서 살아간다. 이끼면의 굴곡진 사면에서는 가는잎처녀고사리 Thelypteris beddomei가 새순을 펼치고 단풍철쭉과 돌단풍도 하나둘 꽃을 피운다. 어느새 풍성하게 성장한 자란 Bletilla striata은 짙은 자색 꽃을 피우고 나무들은 아직 다 자라지 못한 어린잎 사이로 봄 햇살을 떨구고 있다.

↑ 이끼정원의 봄, 사람주나무의 새순이 붉게 돋아 나온다.

↓ 빛과 함께 자라난 잎이 정원에 서서히 그늘을 만든다.

↑ 솔비나무는 베케정원의 낙엽수 중에서 가장 늦게 새잎을 돋운다. 봄이 한창인 정원에서 오랫동안 가지의 선을 드러내며 여백으로 남아 이끼면 위로 선형의 그림자를 그려 낸다.

↓ 꼬랑사초 사이로 눈여뀌바늘의 붉은 잎이 땅을 덮는다. 안개분수 때문에 항상 축축한 이끼정원의 수로와 빗물정원의 바닥은 눈여뀌바늘에게 안성맞춤인 생육환경을 제공한다.

이끼면의 굴곡진 사면을
따라 가는잎처녀고사리가
새잎을 펼친다.

눈여뀌바늘 *Ludwigia ovalis*은 이끼정원의 물길을 따라 붉게 땅을 덮는다. 얕은 물 속이나 물가에 자라는 이 작은 식물은 생육기 내내 붉은색을 띠어 정원에 생동감을 준다. 초록 이끼와 대비되는 붉은 색감과 이끼보다 크고 둥근 잎으로 만들어 내는 거친 질감이 이끼면의 낮은 곳을 따라 흐르며 과하지 않게 균형을 잡아 준다. 일반적인 정원에서는 서식 환경이 맞지 않아 재배하기 어렵지만, 연못 가장자리나 빗물정원의 지피식물로는 쓰임이 좋다.

↑ 봄이 완연해지면 나무에 잎이 무성해지고 시야가 차단된 정원은 훨씬 아늑해진다.
↓ 단풍매화헐떡이풀

↑ 긴잎풀모나리아 '마제스트'
↓ 자란

↑ 물길을 따라 번성한 눈여뀌바늘

4월과 5월, 절정을 맞은 봄의 얼굴

참중나무 '플라밍고'도 때를 맞추어 새잎을 돋운다. 붉은 어린잎은 얼마 지나지 않아 색이 은은해지고 어느 순간 밝은 갈색이 뒤섞이다 하얗게 바랜다. 녹색을 찾아가는 참중나무의 여정은 무수히 많은 빛깔로 사람들의 눈을 즐겁게 하고 봄볕에 더욱 맑아진 하늘은 어린잎의 색을 내내 선명하게 받쳐 준다. 참중나무 잎이 녹색이 되어 갈 때쯤 참꽃나무는 맑은 다홍색 꽃을 피우고, 백당나무는 작은 꽃으로 정원의 한 면을 하얗게 채운다.

빛이 드는 화단은 봄꽃으로 활기가 넘치고 꽃을 쫓는 사람의 시선은 벌처럼 분주해진다. 바위수국속 *Schizophragma*, 으아리속 *Clematis*, 클레마티스, 병꽃나무속 *Weigela*, 정향풀속 *Amsonia*, 크라스페디아속 *Craspedia*, 로단테뭄속 *Rhodanthemum*, 아마릴리스속 *Amaryllis* 등이 연이어 꽃을 피우며 화단을 채워 나간다. 꽃의 색채와 리듬으로 정원은 경쾌해진다.

그늘에서는 비비추속과 풍지초속 *Hakonechloa* 식물이 부쩍 자라 오른다. 낙엽수 아래에서 잎을 낸 두 식물군은 한결 순해진 햇살을 받아 마음껏 잎을 펼친다. 비비추속은 넓은 잎으로 색과 무늬를 담아내고 벼과 식물인 풍지초속은 사초 같은 안정감으로 공간의 중심을 잡아 준다. 두 속 모두 생육환경과 전체적인 형상이 유사하지만, 잎의 형태와 색감이 대비를 이루어 좋은 조합을 만들어 낸다.

억새와 수크령 *Pennisetum alopecuroides*의 새잎도 충분히 길어졌다. 봄이 무르익으면서 조용히 때를 기다리던 초원의 식물들이 본격적으로 잎을 키우기 시작한다. 폐허정원과 실험정원은 푸른 빛을 되찾고 지난해 묵은 잎은 힘을 잃어 땅으로 돌아간다. 따뜻한 봄볕에 잡초들도 기세 좋게 자라고 쑥, 망초, 질경이, 민들레, 괭이밥 등이 억새와 수크령 틈새에서 꽃을 피운다.

잡초도 경관 안에서 제 기능과 아름다움이 있으니 무성해지기 전에 잠시 꽃을 즐기는 것도 나쁘지 않을 것이다.

↑ 참중나무의 새순
↑ 백당나무
↓ 크라스페디아 글로보사

↑ 잎에 무늬가 있는 병꽃나무의 재배품종
↑ 밥티시아 아우스트랄리스와 오레곤개망초
↓ 입구정원의 봄 풍경

암대극이 꽃을 피운
폐허정원

↓ 부쩍 자라 오른 폐허정원의 억새와 수크령 사이로
아미속·니포피아속 식물들이 꽃을 피운다.

↑ 잎이 무성해진 그늘정원의 식물들
↑ 줄사초 사이로 칼라가 꽃을 피워 절정을 이룬다.
↓ 무늬가 있는 억새의 재배품종인 얼룩억새
　Miscanthus sinensis f. *variegatus*
↓ 실험정원의 망초와 아미속 식물

5월을 화려하게 수놓는 만병초

5월이 되면 정원 곳곳에서 만병초가 꽃을 피운다. 다채롭고 선명한 색감의 꽃들이 둥근 반구형 나무를 둘러싸기 시작한다. 상록수에서 보기 힘든 크고 화려한 꽃은 짙은 녹색 잎을 배경으로 또렷하게 도드라지고, 아침저녁으로 빛이 사그라들어 어스름한 시간이면 설명할 길 없는 어떤 황홀한 분위기로 정원을 물들인다. 베케정원의 만병초는 빠르면 3월부터 꽃망울을 터트리는데, 보통 4월 중순부터 5월 중순까지 절정을 이룬다. 덕분에 목련이 지고 난 후에도 정원의 꽃잔치는 끝을 모르고 계속 이어진다.

만병초는 일반적으로 상록성 진달래속 식물을 통칭한다. 히말라야 고산지대에 집중적으로 서식하며 우리나라에도 만병초, 홍만병초*Rhododendron brachycarpum var. roseum*, 노랑만병초*Rhododendron aureum* 등이 자생한다. 대부분 키가 작지만 종류에 따라 크게 성장하는 교목도 있고, 야쿠시마만병초*Rhododendron yakushimanum*처럼 키가 1미터도 넘기 어려운 왜성종도 있다. 봄부터 초여름 사이에 꽃을 피우고 상록수이면서 내한성이 강해 겨울철이 긴 온대지역의 정원에서 활용도가 높은 식물이다.

베케정원은 과거 80여 종의 만병초 품종을 생산하고 재배하여 판매하던 농장이었다. 그래서 정원의 기본 틀은 여전히 농장의 모습을 유지하고 있고, 팔다 남은 만병초들이 곳곳에 남아 목련과 함께 정원의 골격을 이루고 있다. 농장이 조성되던 첫해에 작은 삽수를 수입해서 키운 만병초들은 15년 동안 엄청나게 성장해 이제 그 위용이 대단하다. 만병초는 내한성이 강한 상록수다. 거기다 꽃이 크고 화려하다. 오랜 시간 동안 육종되면서 수많은 재배품종들이 생산되어 선택의 폭도 대단히 넓다. 그러나 짙은 색감의 단단한 구조체는 강한 힘을 발휘하기 때문에 많이 사용할 경우 정원이 다소 경직되어 보일 수 있다. 공간에 힘이 필요한 곳이나 시선을 유도해 변화감을 주어야 하는 곳, 키가 큰 낙엽수 아래에서 하부 골격을 이루어야 하는 곳에 절제하며 쓰는 것이 좋다.

만병초를 심을 때는 위치와 토양조건을 잘 살펴야 한다. 차고 건조한 북서풍을 효율적으로 차단할 수 있는 곳에 심고, 오전 햇빛은 들어오되 한낮에 뜨거운 직사광선은 피할 수 있는 곳을 선택하는 것이 좋다. 부지의 동남쪽 사면에 심거나 북서측이 막힌 반음지가 적당하며, 낙엽수를 식재한 가장자리나 교목의 밀도가 낮은 그늘정원에 이용하기 좋다. 물론 종류에 따라 양지에서 적응력이 뛰어난 수종도 있으니 정원의 상황에 맞게 선택하면 된다.

↑ 만병초가 꽃을 피우는 낙우송정원의 봄
↑ 만병초는 반구형의 수형을 따라 둥글게 꽃이 모여 핀다. 오른쪽 뒤에서부터 시계 방향으로 만병초 '폰티약', 만병초 '마디 그라스' *Rhododendron* 'Mardi Gras', 만병초 '할렐루야' *Rhododendron* 'Hallelujah', 만병초 '티아나'.
↓ 만병초 '그레이스 씨부룩' *Rhododendron* 'Grace Seabrook'
↓ 베케정원에서 생산하고 재배하는 만병초 '폰티약'

오래된 만병초들은 15년 가까이 자라 그 규모감이 엄청나고 겨울에도 푸른 잎으로 정원의 중심을 단단하게 잡아 준다. 사진은 만병초 '폰티약'

용토는 배수력과 보습력을 동시에 지녀야 하며 보통 부엽토와 마사토, 피트모스를 적당히 혼합해 사용한다. 배수를 위해 주변보다 다소 높은 곳에 위치를 잡아 주고, 식재 후에는 멀칭을 해서 토양 보습력을 높여 주는 것이 좋다. 주변에는 생육조건이 유사하고 형태나 색감의 대비가 이루어질 수 있는 양치식물과 수국속 *Hydrangea*, 비비추속, 풍지초속, 노루오줌속 *Astilbe* 등을 함께 심는다. 이들은 정원의 계절감을 높여 주고 만병초의 압도적인 힘을 중화시켜 주면서 공간을 풍성하게 꾸며 줄 것이다.

↑ 만병초 '아나 크루시케'
↑ 만병초 '티아나'
↓ 만병초 '솔리데리티'
↓ 만병초 '재닛 블레어'

만병초를 죽이는 열 가지 방법

만병초는 여전히 일부 마니아들의 전유물로 여겨진다. 키우기가 어렵고 까다롭다는 인식 때문에 정원 애호가들도 재배를 꺼리는 경우가 많다. 실제로 꽃의 화려한 아름다움에 끌려 만병초를 구입했다가 재배조건을 맞추지 못해 실패한 사람들이 적지 않다. 그래서 만병초를 죽게 하는 몇 가지 상황을 소개해 본다. 이것만 잘 피해 가면 어렵지 않게 만병초를 키울 수 있을 것이다.

① 품종을 무시한다.
만병초는 히말라야 고산지대를 비롯해 아열대·열대지역에 이르기까지 전 세계적으로 다양하게 분포한다. 자생종만 해도 500여 종이 넘고 여기에 재배품종까지 더해지면 수천 종이 넘는 만병초가 원예시장에서 유통되고 있다. 서식처 환경 때문에 재배 방법이 만병초마다 다르고 특히 내한성의 경우 편차가 심해 추운 지역에서는 만병초를 쉽게 죽일 수 있다. 만병초를 구입할 때에는 반드시 정확한 학명과 내한성hardiness을 확인해야 한다.

② 배수가 안 되는 토양에 심는다.
우리나라의 토양은 주로 점질토진흙 또는 마사토다. 만병초를 점질토에 심으면 배수가 불량해 뿌리가 썩고, 마사토에 심으면 건조 피해로 말라 죽을 수 있다. 만병초가 좋아하는 토양은 통기성과 보습력을 동시에 유지하고 있는 토양으로, 대단히 모호하고 까다로워 보이지만 사실 대부분의 식물들이 이런 토양을 좋아한다. 보통 피트모스와 굵은 마사또는 펄라이트 그리고 부엽토가 적당히 혼합된 용토를 이용한다.

③ 차고 건조한 바람을 맞게 한다.
겨울과 이른 봄에 부는 차고 건조한 북서풍은 만병초에게 매우 가혹하다. 내한성이 뛰어난 만병초도 겨울철 냉건한 바람에 노출되면 피해를 볼 수 있다.

만병초를 심을 때는 가급적 건물이나 수벽, 수림지대 등으로 북서측이 차단된 곳 또는 동-남사면을 선택하는 것이 좋다.

④ 깊게 심는다.
만병초를 비롯한 진달래과 식물은 뿌리가 수염처럼 가늘다. 땅에 깊게 심는 경우 장마철에 물이 고여 뿌리가 쉽게 썩어 버린다. 토양의 물빠짐이 원활하지 않은 경우라면 그 피해는 더욱 커진다. 가급적 물빠짐이 잘 되는 곳에 심고, 뿌리 상부가 지면과 비슷하거나 지면보다 다소 높게 위치하도록 심어 주는 것이 좋다.

⑤ 비료를 흠뻑 준다.
유기질 비료를 많이 주면 바로 문제가 생긴다. 우드칩이나 바크를 정기적으로 멀칭해 주는 정도로 충분하며 필요에 따라 이른 봄철 매우 소량의 유기질 비료를 주는 정도로 끝내야 한다.

⑥ 영양실조가 생기게 한다.
만병초를 화분에 키울 경우, 특히 마사토만을 이용해 심었을 경우 영양이 부족할 수 있다. 또한 토양 pH가 너무 높을 경우 흙 속에 마그네슘Mg, 칼슘Ca이 풍부해도 황백화현상 엽록소 생성에 필요한 원소가 부족할 때 잎이 황백색으로 변하는 현상이 유발된다. 토양 pH를 3~6으로 낮추기 위해 용토에 토탄을 혼합하면 좋다.

⑦ 호두나무 아래 심는다.
호두나무 뿌리에서 만병초에 유해한 독성물질이 나온다고 알려져 있다.

⑧ 뜨거운 햇빛 아래 심는다.
만병초 중에는 햇빛에 강한 종도 있지만, 대부분의 만병초는 여름철 고온에 취약하다. 가급적 반그늘에 심고 한낮에 뜨거운 직사광선을 피할 수 있는 곳에 자리를 잡는 것이 좋다. 특히 어린 새순의 경우 강한 햇빛에 쉽게 타 버리기 때문에 유의해야 한다.

⑨ 겨울에 물을 많이 준다.
휴면기인 겨울에 물을 많이 주면 만병초

뿌리가 쉽게 썩을 수 있다. 정원에 심은 만병초는 식재 초기와 극심한 건조기가 아니면 별도로 물을 줄 필요가 없고 화분에 심은 만병초의 경우는 토양 상부가 완전히 마른 후에 물을 주는 것이 좋다.

⑩ 굼벵이를 살게 한다.
재배 조건을 잘 지켰음에도 불구하고 수세가 약해진다면 굼벵이 피해일 확률이 높다. 나무를 뽑아 뿌리를 확인해 보면 알 수 있는데, 굼벵이 피해를 입은 나무는 잔뿌리가 거의 없고 심하면 굵은 뿌리도 얼마 남지 않아 뿌리가 뭉툭하게 짧아져 있다. 토양살충제 등을 이용하기도 하고 피해가 심한 나무는 화분에 옮겨 재배 온실 등에서 회복이 될 때까지 관리하는 것이 좋다.

건강한 만병초를 이식하는 모습. 기본 원칙만 잘 지키면 어렵지 않게 만병초를 재배할 수 있다.

베케의 만병초

가나다순

만병초 '솔리데리티' *Rhododendron* 'Solidarity'

넓은 반구형 수형은 정원의 무게감을 잡아 주고 두텁고 단단한 잎은 또렷한 형태감을 준다. 야쿠시마만병초의 교배종으로 다소 천천히 자라지만 한 그루의 나무가 뿜어내는 에너지가 주변을 압도한다. 햇빛과 바람에도 강하며, 내한성은 영하 25도 정도.

만병초 '아나 크루시케' *Rhododendron* 'Anah Kruschke'

다른 만병초와 달리 다소 긴 형태 반구형으로 자란다. 어릴 때는 위로 솟듯이 자라다가 커지면서 둥그렇게 자리를 잡는다. 청록색 잎과 자색 꽃의 대비가 아름답다. 양지~반음지에서 자라며, 내한성은 영하 20도 정도.

만병초 '재닛 블레어' *Rhododendron* 'Janet Blair'

해가 적당히 드는 반음지에서 잘 자란다. 전체적인 수형은 반구형으로 둥글고 천천히 성장한다. 꽃은 은은한 분홍색에 살굿빛 문양을 그려 내며 피어난다. 해마다 풍성하고 고르게 꽃을 피운다. 내한성은 영하 25도 정도.

만병초 '티아나' *Rhododendron* 'Tiana'

잎의 색감이 짙고 살짝 광택이 돈다. 꽃은 하얗게 피는데 꽃잎 한쪽으로 자색 무늬가 선명하다. 지나치게 커지지 않고 둥근 수형이 안정적이어서 정원에서 사용하기 좋다. 양지~반음지에서 자라며, 내한성은 영하 20도 정도.

만병초 '폰티약' *Rhododendron* 'Pontiyak'

유럽만병초와 야쿠시마만병초를 교배해 만든 재배품종이다. 왕성하게 자라지만 지나치게 커지지 않고 안정된 반구형 수형으로 정원의 골격을 잡아 주며, 5월 초 옅은 분홍색 꽃을 피워 정원을 장식한다. 양지~반음지에서 자라며, 내한성은 영하 20도 정도.

위태로운 아름다움, 떡진머리정원

베케정원을 '떡진머리정원'이라 부르는
시기가 있다. 떡진머리는 기름기가 흐르고
볼품없이 헝클어진 머리를 이르는 말인데,
사실 정원에 빗대어 부를 수 있는 표현과는
다소 거리가 멀어 보인다. 하지만 비가
많이 오고, 가는잎나래새 Stipa tenuissima가
풍성하게 자라고 그라스 새순이 충분히
길어진 5월의 제주에서는 그라스 잎들이
물에 젖어 방향을 상실한 듯 정처 없이
누워 있는 모습을 자주 목격하게 된다.
비가 많이 내리면 풀은 한껏 낮아진다.
바람을 품어 가닥으로 흩날리던 잎은 물과
함께 한데 모이고 물의 무게를 감당하지
못해 결국 바닥에 눕는다. 계속되는 비로
흐려진 하늘과 물에 젖어 짙어진 색채는
왠지 모르게 무겁게 내려앉은 식물들과
잘 어우러진다. 봄을 맞아 한껏 몸을
세우던 식물들이 짧게나마 정지된 시간
속에서 뒤를 돌아보고 다시 내딛게 될
발걸음을 점검하는 것만 같다.

비가 많이 오는 제주에서는 식물의 잎이 물의 무게를
감당하지 못하고 방향을 상실한 채 바닥으로 눕는
모습을 자주 볼 수 있다.

제멋대로 드러누운 식물들의 형상은 엄청난 야생성을 느끼게 한다. 지금까지 만들어왔던 정갈한 정원에서는 볼 수 없었던 순간적인 교란이 가져온 불안정한 느낌과 뭔가 변화하고 있다는 감각이 사람의 마음을 흥분시킨다. 비에 젖어 헝클어진 식물들의 모습에서 부딪히고 깨지고 갈라지는 새로운 힘의 질서가 꿈틀거린다. 외부의 변화를 온몸으로 표현해 내는 초원의 식물들은 예상치 못했던 순간에도 새로운 형태의 아름다움을 제시해 준다.

휘청이는 식물들 사이에서 꼿꼿하게 자세를 유지하고 있는 니포피아속 식물은 새들이 수분을 돕는 조매화로 작은 새들의 무게를 감당할 수 있을 만큼 줄기가 굵고 단단하다.

그러나 드리우는 풀들 사이에서도 꼿꼿하게 남아 있는 것이 있다. 이제 막 꽃을 피운 니포피아속*Kniphofia* 식물과 사계절 정원을 지키고 서 있는 용설란 '마르기나타'는 비의 무게를 이겨내고 흔들림 없이 골격을 유지한다. 무겁게 내려앉은 것들 사이에서 남아 있는 것들은 더욱 도드라져 보이지만 과하거나 넘치지 않고 나름의 균형을 유지한다. 그렇게 몇 번의 봄비가 정원을 뒤흔들고 나면 잎은 더욱 무성해지고 정원은 서서히 여름으로 향해 간다.

세 번째
계절
초여름

한 걸음 뒤로 물러서는 봄

5월을 반쯤 넘기고 나면 뒤늦게 돋아난 솔비나무의 새잎이 본격적으로 펼쳐지기 시작한다. 이 느긋한 나무는 다른 낙엽수보다 한 달이나 늦게 깨어나지만 늦게 돋은 순을 다 펼치는 데도 한참이 걸린다. 솔비나무가 잎을 열어 하늘을 덮을 때 여름은 멀리서 손을 내밀고 봄은 정원을 벗어나 조금씩 물러나 앉는다.
이미 풍성해진 개키버들 '하쿠로 니시키'의 새순과 하나둘 피어나기 시작한 말발도리속 식물의 흰 꽃은 폐허정원 뒤로 모아 심은 녹색의 침엽수를 배경 삼아 화사하게 도드라진다. 작약속 *Paeonia* 식물이 꽃을 피운 빗물정원에는 푸르른 녹음이 가득 들어차고 이끼정원의 비비추 '블루 카뎃'은 옥색이 감도는 잎으로 땅을 켜켜이 덮어 더욱 단단해져 간다.
5월이 저물 때쯤 정원에는 무늬쥐똥나무 꽃이 만개한다. 짙은 크림색 무늬가 화사한 이 상록의 나무는 하얗게 피어오른 꽃과

↑ 이끼정원의 비비추 '블루 카뎃'

↓ 그늘에서는 산수국, 수국, 비비추가 꽃을 피우고 풍지초 '아우레올라'는 잎이 무성해진다.

↑ 폐허정원 주변으로 개키버들 '하쿠로 니시키'의 새잎이 반짝거리고 말발도리속 식물은 흰 꽃을 피워 주변을 하얗게 물들인다.

↓ 폐허정원의 여름. 봄꽃과 여름꽃이 뒤엉켜 꽃으로 넘쳐 난다.

향기로 주변을 장악한다. 비파나무의 열매는 노랗게 익어 새들을 부르고 목련 밑에 피어난 휴케라속*Heuchera* 식물은 작은 꽃을 점으로 흩뿌려 녹색 공간에 생기를 돋운다. 풍성하게 잎이 자란 솔잎금계국 '자그레브'*Coreopsis verticillata* 'Zagreb'는 하나둘 노란 꽃을 달기 시작하고 산수국과 수국도 차례대로 꽃을 피워 새로운 계절을 준비한다.

퍼너리 벽면을 수놓았던 클레마티스 '이베트 아우리'*Clematis* 'Yvette Houry'는 이제 조용히 꽃잎을 닫고 있다. 그러나 사람주나무는 꽃이 한창이고 산딸나무 '미스 사토미'도 분홍색 포엽을 열어 개화를 시작한다. 입구정원의 멜리니스 '사바나'*Melinis nerviglumis* 'Savannah', 루비그라스는 본격적으로 봄꽃을 돋우고 배암차즈기속 *Salvia*, 살비아, 에린기움속*Eryngium*, 에린지움, 니겔라속*Nigella*, 정향풀속 식물 등이 시차를 두고 어우러지며 피어난다.

↑ 무늬쥐똥나무의 흰 꽃이 나무 가득 피어나 눈처럼 내린다.
↓ 니포피아속 식물의 꽃

↑ 화단 곳곳에서 꽃이 피어나고 비파나무는 열매가 익어 새들을 불러 모은다.

↓ 볕이 드는 화단에는 다양한 품종의 자주천인국속 식물(에키나시아)이 봄부터 여름까지 내내 꽃을 피운다.

외유내강, 덩굴손의 미학

봄부터 초여름 사이 베케정원은 으아리속 식물클레마티스이 절정을 이룬다.
이 놀라운 덩굴식물은 순식간에 벽면을 덮어 빛을 차지하고 상상 이상의 크고 아름다운 꽃을 피워 단번에 정원의 주인공이 된다. 덩굴손 하나하나는 매우 가늘고 여리지만, 이들이 모이면 엄청난 용적의 거칠고 무거운 덩굴도 단단하게 붙들어 맨다.
언젠가 거목이 뿌리째 뽑힐 정도의 거센 태풍이 지나간 직후 머루 덩굴을 관찰한 적이 있다. 잎은 다 찢어져 온전한 것이 하나도 없었지만 줄기 끝에 새로 생긴 어린 덩굴손은 태연하게 하늘거리고 있었다. 부드러운 것이 강한 것을 이긴다는 말을 확실하게 느낄 수 있는 순간이었다.
머루처럼 덩굴손을 만드는 식물은 어떤 촉감 같은 것을 사용해 옆에 있는 사물이나 다른 식물을 인지하는 듯 보인다. 부착물이 근처에 있을 때만 부속체를 감는 현상이 나타나니 말이다. 특히 접촉하는 물체의 굵기 등을 감지해 흐트러짐 없이 한 방향으로 고르게 줄기를 감아 고정하는 모습은 대단히 놀랍다. 더욱이 이 형태가 스프링과 유사하다는 사실은 눈여겨볼 필요가 있다. 아무리 질긴 덩굴손이라 해도 강한 폭풍우에 흔들리는 엄청나게 크고 무거운 것을 붙잡고 있는 일은 쉽지 않을 것이다. 질기고 강한 것보다는 스프링이 지니는 탄성과 여유로움을 이용하는 쪽으로 진화했을 것이라 짐작해 본다.
한번은 덩굴손을 잘라 보기도 했다. 사실 덩굴손은 덩굴 전체에 비하면 매우 작은 크기여서 덩굴손이 잘려 나간다 해도 크게 눈에 띄지 않겠다 여겼다. 하지만 덩굴손이 없는 머루는 굉장히 낯설어 보였다. 덩굴손의 일부만 잘라 보기도 했는데, 곡선이 사라지고 짧은 직선으로 남은 덩굴손 역시 이상하기는 마찬가지였다. 머루의 덩굴손은 매우 유연한 곡선이다. 곡선은 직선과 달리 선으로 강조되기보다 공간의 여백을 드러내 담아내는 묘한 매력을 지니고 있다. 그래서일까. 덩굴손은

실처럼 가늘지만 결코 가볍지 않고,
유연하게 흐르는 곡선의 형태는 본체인
머루 덩굴과 대비를 이루며 머루를 더욱
아름답게 만들어 주는 듯하다.

공간을 담아내는 부드러운 곡선의 덩굴손

정원이 가장 화려해지는 시기, 초여름

6월과 함께 베케정원에도 여름이 찾아온다. 한낮의 더위는 기승을 부리지만 여전히 남아 있는 봄꽃에 여름꽃이 더해져 정원은 가장 화려한 시기를 맞이한다. 억새와 수크령의 새잎은 완연하게 성장해 푸르름을 더하고, 떡갈잎수국은 베케 돌담 뒤편에서 커다란 꽃다발을 수줍게 늘어뜨린다. 해가 드는 화단에는 지천으로 꽃이 피어나 자주천인국속 Echinacea, 에키나시아, 리아트리스속 Liatris, 톱풀속 Achillea, 해란초속 Linaria, 리나리아, 마편초속 Verbena, 버베나, 모나르다속 Monarda, 아가판서스속 Agapanthus 등 이름을 다 헤아리기도 어려울 지경이다.

동폐허정원 주변으로 온종일 해가 드는 양지에는 그라스와 함께 한해살이 식물들이 가득하다. 작고 하얀 꽃이 우산처럼 모여 나는 아미속과 몽롱한 노란빛의 회향속 Foeniculum 식물, 크림색 캘리포니아 포피 '아이보리 캐슬'은 정원 곳곳으로 씨앗을 흩뿌려 과감하고 적극적으로 영역을 확장해 나간다. 살아 움직이듯 이동하고 번성하는 식물들은 가끔 넘치는 생명력으로 지나치게 무성해져 당황스럽게 할 때도 있지만, 단기간에 다채로운 색감과 형태로 정원에 활력을 불어넣어 주는 고마운 존재이기도 하다.

그늘에서는 완연하게 성장한 낙엽성 양치식물들이 힘을 발휘한다. 맑은 연녹색 잎이 무리 지어 돋아난 가는잎처녀고사리는 단조롭게 이어지던 이끼정원 사면에 중요한 변곡점을 만들어 주고, 이름처럼 푸른 나래를 펼친 청나래고사리는 미지의 숲을 날아다니는 낯선 새들의 날갯짓처럼 부드럽지만 명확하게 자신의 가치를 공간에 새긴다. 서폐허정원에서는 암대극과 가는잎나래새가 본격적으로 여름잠을 준비한다. 제주 바닷가 갯바위에 서식하는 암대극과 중미 건조한 초지대에 서식하는 가는잎나래새는 전혀 다른 환경의 식물처럼 보이지만 여름철 폭염을 피해

↑ 톱풀속·살비아속·리아트리스속 식물 등 빛이 드는
화단으로 양지성 초화들이 줄지어 꽃을 피운다.

↓ 꽃창포 '레이디 인 웨이팅' *Iris ensata* 'Lady in Waiting'

↑ 자주천인국속 식물(에키나시아)과 버들마편초 *Verbena bonariensis*

↑ 폐허정원의 초여름. 억새와 가는잎나래새 사이로 니포피아속·아미속 식물이 꽃을 피운다.

↓ 아미속 식물과 버들마편초

↑ 아미속 식물과 캘리포니아포피 '아이보리 캐슬'

↑ 화단 곳곳으로 회향속 식물의 씨앗이 번져 나가 노랗게 꽃을 피운다.

↓ 나도히초미는 청나래고사리와 비교하면 색이 짙고 질감이 단단해 훨씬 강한 힘이 느껴진다.

↑ 암대극의 꽃이 진 자리마다 열매가 맺힌다.
↑ 봄꽃이 떠나간 이끼정원에는 양치식물들이
  성장해 주인공이 된다.
↓ 암대극과 가는잎나래새는 결실을 맺고 서서히
  여름잠을 준비한다.

휴면한다는 공통점을 지녔다. 잔뜩
웅크린 것처럼 반구형으로 잎이 모여 나온
암대극도 가는 잎이 촘촘하게 돋아난
가는잎나래새도 모두 건조한 환경 때문에
생기는 수분 스트레스를 이겨 내기
위한 진화의 결과물이다. 각자의 삶에서
자기만의 방식으로 고난을 이겨 낸
두 식물은 재미있게도 베케의 폐허정원에서
만나 대비되는 형태미를 뽐내며 봄을
장식하고, 봄과 여름의 경계에서 열매를
맺은 후, 서서히 휴면에 들어간다.

가는잎나래새의 갈색 물결

초여름에 가장 인상적인 장면은 단연 가는잎나래새 군락의 갈색 물결이다. 여름에 휴면하는 가는잎나래새는 봄부터 꽃을 피우고 씨앗을 맺는데, 끝자락부터 말라 가던 잎은 이즈음 완연하게 은은한 황갈색으로 물이 든다. 화려한 꽃들 사이로 여름 바람을 따라 묵직하게 일렁이는 가는잎나래새의 갈색 물결은 꽃 잔치가 지나치게 들썩이지 않도록 진중하게 무게를 잡아 준다. 온화하고 부드럽게 그러나 거스를 수 없는 힘으로 초여름 꽃들을 아우른다.

가는잎나래새는 미국 남서부에서 멕시코 북부 사이 건조한 초지대에 서식하는 벼과 식물이다. 얼마 전까지만 해도 생소했던 이 이국의 식물은 형태적으로 대비를 이루는 오브제와 함께 전시된 몇 장의 이미지로 우리에게 각인되기 시작했다. 머리카락처럼 가는 잎은 수없이 모여 나와 중첩되고, 지면 가까이에서 갈라져

↑ 회향속 식물과 가는잎나래새
↓ 가는잎나래새의 갈색 물결은 초여름의 꽃 잔치가 들썩이지 않도록 진중하게 무게를 잡아 준다.

↑ 가는잎나래새와 어우러지면 여러 개의 특성이 다른 식물들도 조화롭게 하나가 된다.

가닥가닥 늘어진다. 이런 특징은 건조한 환경에 적응하기 위한 진화적 선택이었지만, 이 가늘고 유연한 선이 만들어 내는 무수한 여백 안으로 빛과 바람이 담길 때 우리는 정원 안에서 그려 내야 하는 새로운 가치를 발견하게 된다.

그러나 건조한 초지대에서 나고 자란 가는잎나래새는 제주의 다습한 장마철 기후에 매우 취약한 편이다. 몇 해 동안 잘 크다가도 식재 후 수년이 지나 포기가 커진 개체는 장마 이후 고사하는 경우가 많다. 배수가 잘되는 양지에 너무 촘촘해지지 않도록 심고 지나친 멀칭은 오히려 식물체 기부를 과습하게 할 수 있으니 주의해야 한다. 휴면기에 지상부의 잎을 자르거나 휴면 후 하부에 켜켜이 쌓인 마른 잎들을 제거해 통풍이 원활하도록 유도하는 것도 도움이 된다. 정원에서는 보통 군락을 이루어 모아 심는데, 형태적 대비감이 좋고 화사한 색감을 더해 줄 수 있는 용설란속 *Agave*, 대극속*Euphorbia*, 자주천인국속, 부추속*Allium*, 배암차즈기속, 리아트리스속 등과 함께 심는다.

장마, 원시의 세계로 이끄는 통로

6월이 끝날 무렵 제주에는 장마가 시작된다. 2주에서 3주, 길게는 한 달이 넘도록 비가 오는 날들이 이어진다. 비는 정원의 색채를 짙게 만들어 깊이감을 더하고 물이 고인 빗물정원은 전설이 넘쳐 나는 오래된 우물처럼 신비로운 분위기를 자아낸다. 잎끝을 타고 떨어지는 물방울과 후드득거리는 빗소리, 파동을 그려 내는 동심원은 이 작은 정원을 끝도 없이 깊은 원시의 세계로 인도한다.

비가 오면 빗물정원의 식물들은 생기가 더해진다. 솔비나무는 한층 또렷해진 피목皮目을 장인이 새겨 놓은 문양처럼 당당하게 드러내고, 꼬랑사초와 제비꼬리고사리*Thelypteris esquirolii* var. *glabrata*는 잎을 붓 삼아 서로 다른 획으로 검게 짙어진 여백을 맹렬하게 가른다. 빛이 옅어져 흐린 정원 안에서도 산수국의 소박하고 은은한 꽃은 선명한 색감을 드러내고 청나래고사리 잎은 싱그러운

물이 고인 빗물정원. 물에 잠긴 식물들이 짙은
초록빛으로 투영되어 물색이 더욱 아름다워진다.

푸른 빛을 잃지 않는다.
그러나 빗물정원을 제외하면 사실
대부분의 식물들에게 장마는 스트레스다.
특히 장마를 경험한 적 없는
지중해성기후나 건조한 사바나기후의
식물들에게 동아시아 지역에 나타나는
이 독특한 기후환경은 그저 난감하거나
혹독할 뿐이다. 수염풀속*Stipa*, 스피타,
멜리니스속*Melinis*, 크라스페디아속과
같이 건조한 기후에 익숙한 식물들은
고온다습한 환경을 이겨 내지 못하고 잎을
떨구고 힘을 잃어 가기도 한다.
장마철의 고온 다습한 환경은 다양한
병해충의 원인이 되기도 한다. 이끼정원의
솔비나무는 이 시기에 천공성 해충에게
꽃눈을 공격 당해 해마다 여름철 꽃을
피우지 못하고, 살이 통통하게 오른 다양한
나방류 애벌레들은 정원 곳곳에서 식물의
잎을 갉아 먹기 일쑤다. 가급적 농약을
사용하지 않으려 애쓰고 있지만, 해충이
집단적으로 번성하는 경우 베케정원을
찾는 관람객을 고려하지 않을 수 없어
고민이 많아지는 시기이기도 하다.

↑ 비는 정원의 색채를 짙게 만들어 깊이감을 더하고
빗물정원의 식물들은 비와 함께 생기를 더해 간다.
↓ 비 오는 날, 노각나무의 꽃

↑ 산수국과 비비추의 개화 시기와 맞물려 비가 오는 날이 많아진다.
↑ 퍼너리의 양치식물들은 비와 함께 더욱 풍성해져 간다.
↓ 비가 오면 무성해지던 그라스의 잎들이 빗물의 무게 때문에 땅으로 눕는다.

매혹적인 은녹색 식물들

우리보다 먼저 정원의 매력에 빠진 외국의 사례들을 공부하면서 우리는 자연스럽게 그들의 식물을 익히게 된다. 오랜 세월 동안 선발되고 육종된 외국의 정원식물들은 회화적인 색감과 다채로운 형태로 우리를 매료시킨다. 그러나 어렵게 구한 식물이 고온다습한 여름철 기후에 몸살을 앓거나 강한 태풍에 처참하게 쓰러지는 것을 목격하는 날이 올 것이다. 하지만 괜찮다. 무슨 일이든 아픈 경험이 쌓여야 능숙해지는 법이다. 식물의 외형적인 아름다움에 심취한 초보 정원사에게 서식 기반과 미기후를 논하며 너스레를 떠는 날이 분명 오게 될 테니 말이다.

은녹색 식물들은 언제나 매혹적이다. 건조한 기후에 자라는 이 식물들은 동화 같은 색감으로 우리를 유혹한다. 꽃은 또 얼마나 화려하고 다채로운지 하나하나 설명하기가 쉽지 않다. 크라스페디아 글로보사*Craspedia globosa*, 골든볼, 드럼스틱는 대표적인 은녹색 식물로 신비로운 잎의 색감과 길게 뻗은 꽃대, 사탕처럼 달린 둥근 꽃이 시선을 압도한다. 그러나 이 식물에게 제주의 장마는 여름 내내 아주 혹독한 시련이다.

정원에 심은 첫해에 어린 크라스페디아 글로보사는 생각보다 건강하게 자랄지도 모른다. 종류를 가리지 않고 어린 식물에게는 늘 놀라운 적응력과 강인함이 존재한다. 노란 꽃을 잔뜩 피운 크라스페디아 글로보사는 엄청난 만족감을 선사하며 화단을 밝힐 것이다. 꽃대를 잘라 화병에 꽂아 두면 온종일 웃음이 끊이질 않고 자랑하고 싶은 마음에 각도를 고쳐 가며 사진도 찍게 된다. 그러나 해가 지나 식물체가 커지고 잎이 무성해지면 장마 이후 심한 몸살을 앓거나 잎이 문드러지면서 갑자기 죽어 우리를 당혹스럽게 할 수도 있다.

은녹색 식물을 키우기 위해서는 무엇보다 토양조건이 중요하다. 해가 잘 드는 곳에 자리를 잡아 주고 주변보다 지면을 높게 하면 배수가 수월해 더욱 효과를 볼 수 있다.

↑ 크라스페디아 글로보사　　　　　　↓ 블루페스큐

↑ 루비그라스로 불리는 멜리니스 '사바나'   ↓ 캘리포니아포피 '아이보리 캐슬'

식재 용토는 지면 아래로 최소 30센티미터
정도의 깊이만큼 물빠짐이 좋은 흙으로
바꿔 주고, 여유가 되면 용토 밑으로
자갈을 깔아 배수층을 만들어 주는 것이
좋다. 식물은 너무 촘촘하지 않도록 거리를
두어 심고, 크기가 커지면 지면으로 쌓이는
묵은 잎을 제거해 통풍이 원활하도록
도와준다.

정원의 불청객 우산이끼

장마가 되면 이끼정원에도 변화가 일어난다. 장마철의 높은 습도는 이끼를 번성하게 할 것 같지만 사실 대부분의 식물이 그렇듯 이끼도 토양 배수에 민감하다. 물빠짐이 좋지 않은 다져진 땅이나 지속적인 수분 공급은 토양 호흡에 문제를 일으켜 식물의 생육을 방해한다. 봄철 내내 번성하던 깃털이끼 *Thuidium kanedae*와 솔이끼도 장마가 진행되는 동안 주춤하는 모양새다.

이 틈을 타서 우산이끼 *Marchantia polymorpha*가 세를 키운다. 우산이끼는 잡초처럼 이끼정원 안으로 들어와 우산 모양의 포자체를 만들고 장마가 시작되면 급속하게 번져 나간다. 상대적으로 토양조건에 둔감한 우산이끼는 답압 등의 이유로 단단하게 굳어진 건물 주변부나 사람들이 오가는 동선을 따라 번성하기 시작한다. 그리고 장마 동안 힘을 잃은 깃털이끼와 솔이끼를 위협하며 정원 곳곳으로 영토를 넓혀 간다. 우산이끼는 열악한 환경을 개척해 자신의 지위를 확보해 나가는, 무모하지만 용감하고 성실한 식물처럼 보인다.

그러나 안타깝게도 우산이끼는 정원의 불청객이다. 보통 배수가 원활하지 않은 다습한 조건이 유지될 때 번성하는데, 한번 번지면 제거가 쉽지 않고 두껍고 빼곡하게 지면을 덮어 다른 식물의 유입을 방해한다. 딱지처럼 땅에 붙어 나는 형태는 경관을 단조롭게 하고 정원에 해가 드는 시간이면 음영의 조화 없이 빛을 그대로 반사 시켜 눈이 불편할 때도 있다. 그러나 자연에는 절대 강자가 없으니 여름이 지나면서 이끼정원의 판도는 다시 달라진다.

바닥을 따라 색감과 질감이 다른 초록색 패턴이 이어진다. 자세히 보면 서식하는 이끼의 종류가 다르다는 사실을 알 수 있는데, 비비추속 식물 주변으로 보이는 매끄럽고 광택이 도는 잎이 우산이끼다.

이끼의 이동

햇살이 순해지고 기온이 떨어지면 깃털이끼와 솔이끼가 다시 힘을 얻는다. 바람이 선선한 초가을날 정원에 앉아 가만히 이끼를 들여다보면 엎치락뒤치락 씨름이라도 하듯 우산이끼 위로 올라서는 깃털이끼를 볼 수 있다. 이끼들은 파도가 들고 나는 것처럼 환경 변화에 따라 나아가고 물러서기를 반복하며 그들의 생태적 지위를 확보해 가는 모양이다. 그러니 억지로 우산이끼를 긁어 내기보다는 잠시 관망하며 이끼의 이동을 살펴보는 것도 좋겠다.

이끼의 이동은 다양한 곳에서 만날 수 있다. 이끼정원이 조성되기 전 이곳의 모태가 되었던 베케 돌담은 깃털이끼가 두툼하게 덮여 있었다. 커다란 감귤나무로 둘러싸인 북향 돌담은 공중습도가 높아 깃털이끼에게 최상의 환경을 제공해 주었다. 그러나 정원을 조성하는 과정에서 감귤나무가 베어지고 수목의 밀도가 낮아지면서 돌담은 그 전에 경험해 보지 못한 햇살과 바람을 직면하게 된다. 갑작스러운 환경변화에 적응하지 못한 깃털이끼는 자연스럽게 도태되었고 지금은 상대적으로 햇빛과 건조에 강한 솔이끼가 그 자리를 채우고 있다.

처음 이끼정원을 조성할 때도 깃털이끼와 솔이끼는 무작위로 식재되었다. 과수원 여기저기에 돋아난 이끼를 수집하는 과정에서 세밀하게 분류하기란 거의 불가능했고, 이끼가 정착해 가면서 자리를 찾아가리라 예상했었다. 실제로 시간이 지나면서 수분 요구도가 높은 깃털이끼는 자연스럽게 물골 주변과 그늘이 있는 곳에 자리를 잡았고, 솔이끼는 물골에서 떨어진 지면 상부나 해가 드는 돌담 위로 번성해 나갔다.

↑ 베케 돌담의 이끼

↓ 무작위로 뒤섞여 식재된 이끼들은 환경에 맞게 이동하며 자리를 잡아 가고 있다.

여름철 이끼정원을 관리하려면

이끼정원을 조성할 때는 땅 만드는 일이 가장 중요하다. 땅은 디자인적으로 눈에 보이는 형태를 의미하기도 하지만, 식물의 생육기반이 되는 토양을 의미한다. 배수가 불량한 토양은 이끼의 생육을 저해하고 쇠뜨기나 주름잎 같은 잡초를 유발한다. 우산이끼가 번성해 이끼정원 전체를 뒤덮을 수도 있다. 비가 오는 상황을 대비해 배수로를 확보하고 적절한 식재용토를 준비해야 한다.

공중습도도 고민해야 한다. 조성지의 북서풍을 차단하고 주변에 낙엽수를 심어주면 겨울철에는 차고 건조한 바람을 막고 여름철에는 뜨거운 햇살을 순화시킬 수 있다. 주변보다 지형이 낮은 곳을 활용해 자연스럽게 바람을 차단하고 습도를 높이는 방법도 있다. 그리고 안개분수를 설치해 초기 적응기와 건조기 등을 대비해야 한다.

안개분수는 입자가 가는 물방울을

↑ 이끼정원의 잡초 제거

↓ 이끼정원의 안개분수

사방으로 분사시켜 이끼정원의 습도를 유지하고 지면의 온도를 낮추어 준다. 더욱이 물이 주는 청량감과 아래에서 위로 뻗는 역행의 방향성은 고요하던 이끼정원에 역동성을 부여한다. 안개분수가 가동되는 시간이면 건물 안 여기저기에서 작은 탄성이 새어 나오고 카메라에 영상을 담느라 분주해지는 사람들을 어렵지 않게 목격할 수 있다.

장마철에는 과도한 수분 공급으로 이끼가 스트레스를 받을 수 있으니 상황에 따라 안개분수를 중단하기도 한다. 그러나 장마 후에 이어지는 강한 햇빛은 이미 지쳐 있는 이끼에게 이중고를 겪게 할 수 있기 때문에, 날씨 변화에 맞추어 안개분수의 시행 횟수와 주기, 시간 등을 조절해야 한다. 베케정원의 경우 장마 후 날이 본격적으로 더워지기 시작하면 하루 3회(열한 시, 한 시, 네 시), 회당 1분 30초씩 안개분수를 가동하고 있다. 기온이 높거나 건조한 날에는 오후 두 시에 1회 추가한다. 모든 수치는 가변적이며 각자의 정원에 맞는 타이밍을 찾는 것이 중요하다.

네 번째 계절
여름

짙어진 여름, 7~8월의 식물들

여름이 짙어지면 무성해진 줄기와 잎들 때문인지 상대적으로 꽃의 비중이 작게 느껴진다. 하지만 그 덕에 누린내풀 '스노우 페어리'*Caryopteris divaricata* 'Snow Fairy'처럼 잎에 선명한 무늬를 그려 내는 식물들이 유독 도드라져 보이는 기회를 얻기도 한다. 이 누린내풀 품종은 이름처럼 고약한 냄새를 풍기기도 하지만 잎 가장자리를 따라 밝은 크림색 문양이 초록색과 비등하게 섞여 화사하고 경쾌한 느낌을 준다. 키는 80센티미터 내외로 자라며 줄기는 부드럽지만 느슨하지 않고 뭉글뭉글 여유롭게 공간을 채운다. 가을로 넘어가는 늦여름에 보라색 꽃을 피우고 잎이 마른 후에도 형태감이 오랫동안 유지되어 화단이 허전할 날이 없다.

사람들은 유독 식물의 꽃에 집중하지만 사실 우리나라의 기후조건에서 식물이 꽃을 피우는 시기는 한 달이 채 되지 않는다. 식물은 1년의 대부분을 줄기와 잎이 만드는 식물체의 형상으로 존재한다. 시선을 돌려 식물의 형상과 이것을 이루는 요소들을 살피고 좀 더 나아가 서로 다른 식물의 형상이 어우러져 만들어 내는 공간을 고민한다면 정원을 대하는 시각과 감성이 확장될 것이다.

그렇지만 여름에도 분명 꽃은 눈이 부시다. 봄꽃이 파스텔톤이라면 여름꽃은 원색적인 느낌으로 다가온다. 선명한 붉은색과 오렌지색, 짙은 분홍색 계열의 식물들이 유독 눈에 띈다. 초여름부터 꽃을 피운 자주천인국속, 여뀌속*Persicaria*, 페르시카리아, 기생초속*Coreopsis*, 모나르다속이 개화기를 이어 가고 원추천인국속*Rudbeckia*, 루드베키아, 원추리속*Hemerocallis*, 오이풀속*Sanguisorba*, 등골나물속*Eupatorium* 등이 더해져 피고 지기를 반복한다.

나무수국도 절정을 맞는다. 베케에 있는 수국속 중 나무수국은 가장 크게 성장하고 가장 늦게 꽃을 피운다. 꽃차례는 고깔 모양으로 끝이 뾰족하게 길어지는데 둥글둥글한 다른 수국들과 확연히 다른 느낌을 준다. 베케정원의 대표적인

낙우송정원의 여름 화단

↑ 줄사초와 모나르다속 식물
↑ 누린내풀 '스노우 페어리'
↓ 배암차즈기속(살비아)과 자주천인국속 식물
　(에키나시아)

↑ 비파나무
↑ 원추천인국속 식물(루드베키아)
↓ 팜파스그래스 '푸밀라'

나무수국은 나무수국 '라임 라이트'라는
재배품종으로 연둣빛이 감도는 은은한
레몬색 꽃이 매력적이다. 꽃이 한창인
7~8월이면 누구나 나무수국 앞에서
사진을 찍는데, 기억하고 싶은 인생의
한순간을 만들어 주는 고마운 꽃이다.
자연에 어느 하나 주인공이 아닌
것이 없지만 8월의 팜파스그래스
'푸밀라'*Cortaderia selloana 'Pumila'*는
가장 압도적이다. 겨울부터 푸르렀던
팜파스그래스 '푸밀라'의 회녹색 잎은
봄부터 크고 빠르게 성장해 여름이
되면 꽃대를 뻗기 시작한다. 꽃은 상상
이상으로 크고 풍성하지만 크기에 반해
몹시 부드럽고 온화한 느낌을 준다. 윤기가
흐르는 크림색 꽃은 거대한 먼지떨이 마냥
폐허정원의 허공을 쓸어 낸다. 하늘이
파랗게 맑은 날, 땅과 하늘을 아우르는 이
거대한 식물이 바람에 일렁이면 낯설고
이국적인 식물이 주는 모호한 감정을 읽어
내기 어려워 괴로울 때가 있다. 그러나 지구
반대편에 펼쳐진 광활한 초지와 우리가
보지 못하고 알지 못하는 것들을 상상하면

이내 숙연해질 뿐이다.

햇살과 바람을 순하게 만들어 주는 낙엽수

낙엽수의 여린 잎 사이를 지나면 여름 햇살은 순해지고 바람은 시원해진다. 상록수가 많은 제주에서 팽나무나 멀구슬나무 같은 낙엽수를 정자목으로 이용한 것도 이런 이유일 것이다. 상록수는 햇빛을 차단해 주기는 하지만 켜켜이 쌓인 두터운 잎 때문에 바람이 통하지 않아 시원함이 덜하고, 짙게 드리운 그늘은 하층 식생을 단순하게 만들어 정원 지피식물의 종류를 제한한다. 어두운 색감과 단단한 질감은 정원의 분위기를 경직시키고 사계절 변하지 않는 모습으로 정원 경관을 단조롭게 하기도 한다.

베케정원의 교목은 대부분 낙엽수다. 낙엽수의 새순은 부드럽고 색이 맑아 봄에는 경쾌하고, 녹음이 짙어지는 여름에는 시원하며, 잎이 마르는 가을에는 운치가 있고, 가지의 선이 드러나는 겨울에는 고결한 느낌을 준다. 계절에 따른 변화감과 함께 정원으로 쏟아지는 빛을 순화시켜 하층으로 다양한 그늘식물이 살 수 있는 안락한 환경을 조성한다. 잎을 통과하며 걸러지는 빛은 그 자체로도 훌륭한 경관이 되고, 해마다 떨어져 쌓이는 낙엽은 더없이 좋은 부엽토가 되어 준다. 작은 숲을 연상시키는 이끼정원과 빗물정원에도 낙엽수를 심었다. 부지 경계 쪽으로 차폐를 위해 일부 상록수를 심기는 했지만 정원 중심부는 모두 낙엽수로 이루어져 있다. 솔비나무, 노각나무, 쪽동백나무, 사람주나무가 지면을 따라 중심 골격을 잡고 가막살나무, 덜꿩나무, 산수국 등이 하층 여백을 보강하는 구조를 이룬다. 여름의 성난 햇살과 바람은 낙엽수의 가지와 잎사귀들을 돌아 나오면서 부드럽고 순해져 정원 안은 바깥 공간보다 훨씬 선선해진다. 덕분에 난대지역 저지대에 위치한 베케정원에서도 노루귀 Hepatica asiatica, 두루미꽃 Maianthemum bifolium, 족도리풀 Asarum sieboldii, 은방울꽃 Convallaria keiskei 같은 중부지방의 예민한 식물들이 각자의 자리에서 제 몫을 하며 살아가고 있다.

이끼정원의 낙엽수들은 고즈넉한 숲의 분위기를
그려 내고 여름의 무더위에도 숲의 식물들이 버틸 수
있는 부드러운 그늘과 선선한 바람을 만들어 준다.

이끼정원의 나무들

가나다순

노각나무 *Stewartia koreana*

차나무과 낙엽교목으로 추위와 그늘에 강하다. 초여름에 동백꽃을 닮은 하얀 꽃을 피운다. 겨울이 되면 수피가 벗겨지면서 황색 얼룩무늬가 나타난다.

별목련 '제인 플랫' *Magnolia stellata* 'Jane Platt'

목련과 낙엽수이며 별목련 재배품종이다. 관목처럼 가지가 풍성하게 자라고 천천히 성장한다. 이른 봄 새잎이 돋아나기 전에 꽃이 피고 여러 가닥의 꽃잎은 분홍색으로 가늘게 피어 아름답다.

사람주나무 *Sapium japonicum*

대극과 낙엽교목으로 천천히 자란다. 가지의 선이 가늘고 섬세하며, 잎은 타원형으로 새순과 단풍이 아름답다. 작은 정원이나 중정에 심기 좋다.

솔비나무 *Maackia fauriei*

콩과 낙엽교목으로 제주도 산간 습지에서 자생한다. 봄 막바지에 작은 잎이 모여 깃털처럼 돋아나고 꽃은 늦여름에 하얗게 핀다. 가지의 형태가 아름다워 이끼정원의 중심 골격을 이룬다.

쪽동백나무 *Styrax obassis*

때죽나무과 낙엽교목으로 잎은 크고 둥글며 꽃은 5월에 종 모양으로 하얗게 핀다. 나무 아래에서 위를 올려다보면 켜켜이 중첩된 잎과 그 사이로 걸러지는 빛의 색감이 아름답다.

팥배나무 *Sorbus alnifolia*

장미과 낙엽교목으로 잎맥이 뚜렷하고 끝이 거칠게 갈라진 잎의 형태가 도드라진다. 꽃은 봄에 하얗게 피고 가을 단풍과 열매가 모두 인상적이다. 이끼정원을 비롯해 베케정원 곳곳에서 볼 수 있다.

나무를 모아 심는 방법

정원에 나무를 모아 심을 때 몇 가지 유의 사항이 있다. 우선 같은 종의 나무도 수형이 옆으로 퍼진 것보다는 길고 좁은 것이 좋다. 어린나무를 이용하거나 다소 밀생하여 자란 것을 선택하되 지나치게 과밀하게 자라 생육이 불량한 나무는 제외한다. 지형에 따라 수형도 달라지는데 보통 지형이 평탄하면 되도록 수형이 바르고 단정한 것을 이용하고 반대로 지반에 돌이 많거나 지형의 높낮이가 심하면 다소 구부러진 수형의 나무도 운치가 있다. 마운딩을 이룬 곳에 식재할 경우에는 아래쪽 낮은 땅에는 키가 큰 나무를 심고 위로 올라갈수록 키가 작은 나무를 심어야 안정감이 생긴다. 특히 사면 아래에는 관목을 군식하고 윗부분에는 소나무를 심는 관행적 식재 방법은 꼭 피해야 한다.

큰 나무를 고집할 필요는 없다. 나무를 모아 심을 때 큰 나무는 지나치게 두드러져 전체적인 균형과 리듬을 깨기 쉽다. 그러나 작은 나무는 전체 비율에 큰 영향을 주지 않고, 적당한 빈도만 유지하면 미래를 기대하게 만든다. 비용도 적게 들고 이식 후 적응력도 뛰어나 여러 가지로 효율성이 높다. 나무의 굵기는 다양해야 좋다. 다만 식재하는 대부분의 나무를 유사한 굵기로 유지하고 이보다 작거나 굵은 나무가 일부 섞이도록 심어 준다. 예를 들어 R15 R은 근원경, 지표면 부근의 나무 굵기를 의미한다 나무가 10주면 R10은 2주, R12~15가 6주면 R20은 2주, 이렇게 유사한 평균 굵기의 나무들 사이로 다른 굵기가 적당히 섞여 있는 느낌이 좋다.

식재 간격도 장단이 필요하고 나무의 높낮이도 리듬감이 유지되어야 한다. 필요에 따라 상층에는 층층나무, 자귀나무 등 양수를 식재할 수도 있으나 아교목층이나 관목층에는 단풍나무나 사람주나무와 같은 음수를 식재한다. 수목 하층에는 관목을 무리 지어 심지 말고 그늘식물을 이용해 잔잔한 느낌의 자연 숲 하층 군락을 연출한다. 식물을 심을

때는 지면을 가득 채우지 말고 충분한 간격을 두어 여유롭게 심고, 비어 있는 공간이 허전해 보이면 상대적으로 작은 지피식물을 배치하거나 우드칩 등으로 피복하는 것도 방법이다.
만약 자작나무와 소나무처럼 수피나 줄기의 선이 독특한 나무와 일반적인 나무를 섞어 심는 경우는 먼저 우점종을 확실히 정해 배치하고 우점종이 아닌 나무들과 다소 거리를 두는 것이 좋다. 다만 변화감을 주기 위해 일부는 가깝게 심기도 한다. 나뭇잎도 그 형태와 크기가 제각각이므로 이를 잘 활용해 대비감을 줄 수 있다. 쪽동백나무, 목련, 백합나무 등이 잎이 크고 거친 느낌이라면 솔비나무, 자귀나무, 느릅나무 등은 잎이 작고 부드러운 느낌을 준다. 참꽃나무, 진달래, 철쭉, 노린재나무, 덜꿩나무, 생강나무 등은 음지에 강한 관목으로 교목층 아래에 이용할 수 있다.
큰 나무의 경우 하늘을 향해 꽃이 피면 가까이에서 들여다보기 어렵기 때문에 쪽동백나무나 때죽나무 같이 아래쪽 방향으로 꽃이 피는 나무들을 섞어 심으면 정원을 찾는 사람들에게 새로운 경험을 제공할 수 있다. 단풍의 색도 중요한데 단풍나무처럼 붉은 계열과 솔비나무, 생강나무처럼 노란 계열을 적절하게 섞어 심는 것이 좋다. 단풍나무, 귀룽나무, 사람주나무 등은 상대적으로 일찍 단풍이 드는 나무들이기 때문에 섞어 심을 때 시기를 고려할 필요가 있다.

자연의 숲을 이해하려는 노력

나무를 많이 심는다고 해서 진정한 의미의 숲정원이 되는 것은 아니다. 숲정원은 자연 숲을 모티브로 하되 단순히 숲의 외형을 모방한다고 완성되지는 않는다. 경관과 더불어 정원식물들이 상호작용하면서 지속적으로 생태적 다양성과 안정성을 유지하는 공간이 조성되어야 한다. 그렇다면 올바른 숲정원을 만들려면 어떻게 해야 할까. 아마도 자연의 숲을 이해하려는 노력이 그 시작일 것이다.
자연의 숲은 시간에 따라 천이일정한 지역의 식물군락이나 군락을 구성하고 있는 종들이 시간의 흐름에 따라 변천해 가는 현상 과정을 겪으며 만들어진다. 땅은 초원으로 시작해 관목림을 거쳐 양수림으로 성장하며, 결국 생태적 안정성과 균형을 이루는 음수림인 극상림에 도달한다. 극상림에 가까워질수록 교목층, 아교목층, 관목층, 초본층 등 층위구조가 뚜렷하게 나타나고, 양수림에 비해 초본층 우점도와 생물다양성이 높아진다. 우리나라 같은 난·온대림에 분포하는 숲의 경우 100제곱미터를 기준으로 약 100~200여 종의 고등식물이 분포하며, 이와 함께 미생물은 물론 각종 동물의 종다양성도 높아진다. 숲은 식물뿐만 아니라 다양한 미생물과 동물이 공생하는 거대한 하나의 유기체인 것이다.

숲정원을 계획하려면 미기후와 토양은 물론 식물 간에 정립되는 새로운 생태적 변화와 질서를 충분히 고려해야 한다. 자연 숲의 천이 과정과 특성, 엄중한 먹이사슬을 알아야 하고 그 속에서 어떻게 스스로 질서를 유지하며 다양한 생명이 함께 공생하여 식물사회를 이루는지를 이해해야 한다. 정원에서 반드시 자연의 숲과 같은 종다양성을 유지해야 하는 것은 아니지만, 다양성 유지가 관건이라는 사실은 분명하다. 특히 정원의 식물과 병해충 관계에도 종특이성species specificity, 특정 생물 종 안에서만 볼 수 있는 생물학적인 현상이 작용하므로 자연주의정원의 큰 목표 중 하나인 농약과 화학비료를 사용하지 않는 유기정원을

베케의 이끼정원과 빗물정원은 큰 의미에서 숲정원을 기반으로 하고 있다. 숲이라는 서식 기반을 모티브로 생태적 다양성과 안정성이 유지되는 공간을 고민하며 디자인한 공간이다. 정원은 조성 후 3년의 시간을 거치면서 안정성이 더욱 공고해지고 있으며, 인위적 관리 정도도 점차 줄어들고 있다.

만들기 위해서는 정원 내 종다양성이 반드시 요구된다.

숲은 극상림으로 갈수록 표토층이 발달한다. 숲이 성장하는 과정에서 그 안에 살았던 수많은 동식물의 유기물은 부엽토로 환원되며, 그 시간이 길어질수록 표토층에 쌓이는 부엽토가 증가한다. 특히 숲정원 조성 초기에는 자연의 숲보다 나무들이 작고 아직 활착 되지 않은 상태라 자연적인 광 조절이 원활하지 않기 때문에 토양조건이 더욱 중요해진다. 부엽토의 특성은 외국 정원서적에서 수도 없이 읽었던 'moist but well drained', 배수가 잘 되면서 보습력을 유지하는 바로 그런 토양이다. 숲정원의 부엽토는 낙엽을 호기성으로 발효시켜 이용하는데, 낙엽수 잎은 1년, 상록수 잎은 3년 정도의 시간이 필요하다. 부엽토를 구하기 어렵다면 마사와 피트모스, 왕겨 등을 혼합한 식재용토를 대신 활용할 수도 있다.

자연 숲의 식물군락은 환경의 지표이자 거울이다. 동일 종류의 군락은 분포지의 위치나 거리에 관계없이 동일한 환경에서 나타나며 구조와 기능도 비슷하다. 따라서 식물군락의 차이는 곧 환경의 차이를 의미한다. 다양한 자연환경은 다양한 식물군락을 발달시키는데, 그 기본 단위를 군락plant community 혹은 군집association이라고 한다. 군락은 우점도가 높아 중심을 이루는 우점종dominant species, 미환경에 따라 변하는 식별종differential species 혹은 표징종character species, 어디서나 출현하는 수반종companion species, 우연히 분포하는 우연종accidental species 등으로 구성된다.

숲정원에서도 자연의 식물군락 개념을 활용할 수 있다. 우점종과 수반종은 경관의 통일성과 질서를 이루게 하고 전체적인 숲의 형태와 높이는 물론 특성을 이루는 기본 틀이 된다. 반면 식별종은 지형, 토질, 경사, 공중습도, 천이단계 등에 따라 달라지는 민감한 종으로 이를 활용하면 차별화된 독특한 경관과 식생을 정원에 담을 수 있다.

숲의 초본층은 초원과는 크게 다르다. 초원은 초본층 이외의 층위가 없어 빛과 물, 바람 같은 모든 에너지에 직접적으로 영향을 받는다. 따라서 초본식물의 생장은 역동적이며 종·개체 간의 경쟁도 매우 치열하다. 반면 숲속의 초본층은 경쟁보다는 상호 공존하는 형태로 분포하며 밀도와 피도식물 군집을 구성하는 각 종류가 지표면을 차지하는 비율을 나타내는 양가 적어 여백이 많고 여유롭다. 숲정원의 초본층은 생태정원이나 자연주의정원의 매트릭스 식재와는 기본적으로 다르게 디자인된다.

모든 나무들은 빛을 탐한다. 그러나 분명 정도의 차이는 있다. 양수림은 주로 숲 가장자리나 숲이 형성되는 초기에 나타나는데, 칡 같은 양수들의 빛을 향한 욕망은 끝을 알 수 없을 만큼 집요하다. 양수림은 치열하고 지독한 경쟁을 거치며 강한 것이 살아남는 약육강식의 세상이다. 하지만 숲의 시간으로 보면 이러한 사투는 오래 지속되지 않는다. 그리고 놀라운 것은 이 경쟁에서 살아남은 식물이 최종 승리자가 아니라는 사실이다. 싸움이 벌어지는 동안 숲은 새로운 환경으로 변화되고, 변화된 환경에서 양수들은 더 이상 생존하기 어려워진다. 이때 등장하는 것이 음수다. 음수 또한 경쟁에서 자유롭지 않다. 이들은 종다양성이 높고 공생을 추구하는 안정된 사회를 만드는 주역이 된다.
안정된 음수림을 형성하고 나면 숲에서 빛은 특정 종이나 특정 층위에 의해 독식되지 않는다. 아무리 울창한 숲속에서도 빛은 숲 틈이나 잎 사이를 투과하여 지면까지 도달한다. 이렇게 도달한 빛은 지면에서 자라는 초본식물의 기초 에너지가 된다. 만약 상층 나무들이 빛을 독식한다면 숲속에 사는 초본식물들은 사라지게 되고, 초본층이 없는 토양은 지속적으로 유실되어 침식될 것이며, 초본식물들과 미생물의 다양성도 감소되어 결국 나무들의 생존에도 문제를 일으킬 것이다.
숲의 나무들은 외부의 물리적 혹은 생물학적 힘에 대응해 공동으로 방어한다. 태풍 같은 외부의 힘을 1/n로 나누어 감당하며 건조한 바람을 막아 숲 내부의 공중습도를 높여 준다. 숲 가장자리의 빽빽한 관목들과 가시덤불은 대형 초식동물의 출입을 통제하고 다양한 숲의 나무들은 창궐하는 병해충을 공동으로 방어한다. 숲정원의 구조와 스카이라인도 이를 반영해 계획하고 관목이나 수벽, 시설물 등을 이용해 만드는 숲 주변부의 기능도 고려해야 한다.

빛의 정원

빛은 색으로 발현된다. 우리가 바라보는 식물의 색감은 모두 빛에서 기원한다. 해가 뜨면 빛은 물처럼 정원 안으로 스며들고, 식물들은 빛과 함께 거기에 존재한다는 것을 눈부시게 증명한다. 바라볼 수 있다는 것은 언제나 경이롭고, 바라본 것들의 아름다움은 그저 아마득하다.

여름이 되면 빛은 오랫동안 정원 안에 머무른다. 새벽부터 조용히 스며든 빛은 아침나절에 오묘한 음영과 반짝임을 만들어 내며 절정을 맞이하고, 한낮에는 빛으로 충만하다가 저녁 무렵 떨어지는 해에 다시 한번 아침의 영광을 재현한다. 해가 뜨고 지는 길과 유사하게 동서로 길게 조성된 베케의 이끼정원은 그 방향성 때문에 빛의 변화감이 더욱 증폭된다. 이른 아침 북동쪽에서 시작된 빛은 정원 경계를 따라 쌓아 올린 돌무더기를 넘어 서서히 이끼정원 안으로 스며든다. 돌무더기는 빛을 등지면서 색이 짙어지고 지면보다 움푹 들어간 빗물정원과 연계되어 깊이감을 더해 간다. 빗물정원 위를 지나가는 나무 덱deck은 완벽하게 빛을 차단해 그 아래쪽으로 어둠을 만들어 내고, 끝을 가늠할 수 없는 이 어둠은 공간을 무한으로 확장시키는 놀라운 힘을 발휘한다. 이 무한의 어둠을 배경으로 이끼 위에 빛이 쏟아져 내리면 작은 이끼의 더 작은 잎들이 만들어 내는 수많은 공간 사이로 빛이 순식간에 스며들어 찬란하게 부서진다. 이끼정원에 수분을 공급하는 안개분수가 처음 물을 뿜어 올리는 시간이 되면 빛은 물과 함께 산란되어 최초의 우주가 그랬던 것처럼 순간의 빅뱅을 일으킨다.

같은 시간 폐허정원에도 빛은 어김없이 스며든다. 억새와 기장Panicum miliaceum의 길고 유연한 곡선들이 중첩되며 만들어지는 공간 사이로, 가는잎나래새의 잎과 꽃대가 바람에 흩날리며 만들어 내는 미세한 움직임과 여백 사이로, 여름잠을 준비하는 암대극의 묵직하고 선명한 실루엣 사이로, 빛은 조용히 찾아와

어둑한 실내 공간과 빛이 드는 정원의 대비가 도드라진다. 유리창은 거대한 스크린처럼 정원으로 시선을 집중시킨다.

빛은 계절과 시간에 따라
변화하며 정원의
분위기를 바꾼다.

소리 없는 폭죽을 터트린다.
정원에서 태양 빛이 주는 효과는 엄청나다.
아주 작은 정원에서도 식물들 안으로
빛이 담길 때 우리는 대자연이 주는
경이로움을 경험할 수 있다. 그래서 정원을
만드는 사람은 자연스럽게 빛을 고민하게
되고, 공간 안으로 빛과 어둠을 담는
다양한 방식을 진지하게 고찰하게 된다.
그러나 정원에 담기는 빛은 건축이나
무대연출에서처럼 단순한 명암 대비로
설명하기 어렵고 매우 복잡하고 세밀하며
가변적이다.
식물은 중첩된 형태의 구조체다. 수많은
요소들이 그들만의 질서로 축적되어
하나의 체계를 이룬다. 인류 역사에는
존재하지 않았던 빛과 바람과 물과 흙이
만들어 낸 자연의 건축양식이다. 이 복잡한
요소들 사이에는 측정할 수도 없고 가늠할
수도 없는 수많은 여백이 존재하고, 그 여백
안에서 빛은 투과 혹은 반사되면서 예측할
수 없는 놀라운 음영을 만들어 낸다.
이 안에서 만들어지는 빛은 지구를 넘어
가히 우주적이며, 정원을 디자인하는
사람에게 빛은 달콤한 유혹이면서 또한
무거운 책임이 된다.

대경관을 연출하는 힘, 하이스케일

빛이 연출하는 경이로운 광경을 목격할 때 우리는 작은 정원에서 기대하지 못했던 대자연을 마주하게 된다. 실제보다 더 크고 깊은 규모감을 느끼게 하는 것이 바로 하이스케일high scale 디자인이다. 베케는 생각보다 규모가 작고 구획이 많은 정원이다. 현재까지 재배정원으로 이용하고 있는 농지전용구역을 제외하면 실제로 조성된 정원의 면적은 얼마 되지 않는다. 그러나 사람들이 실제 면적보다 크게 느끼고 거기서 자연의 정취와 감흥을 경험했다면 그것은 베케의 구성과 디자인의 영향 때문일 것이다.
정원 중심축을 동서 방향으로 계획하면 공간의 심리적 크기는 훨씬 확장된다. 베케의 경우 주동선과 건물 배치가 모두 동서 방향으로 이루어져 있는데, 이것은 해가 뜨고 지는 방향으로 관람객이 이동하는 시선에서 고스란히 빛의 변화를 감상할 수 있게 해 준다. 특히 빛이 사선으로 떨어지며 역광으로 비추는 아침과 저녁 시간에는 정원과 하늘이 그대로 이어져 시야에 담기는 정원 영역이 훨씬 확장되고 관람객 몰입도가 높아져 대자연의 웅장함을 경험할 수 있게 된다.
식물상은 다양하되 식물들이 이루는 전체 경관은 단순한 것이 좋다. 정원이 하나의 이미지로 통합될 때 공간은 훨씬 커 보인다. 초원 경관이 가장 대표적인 예로, 이를 활용한 메도가든meadow garden은 좁은 공간에서 자연의 규모감과 야생성을 연출하기에 가장 적합한 정원 양식이다. 자세히 들여다보면 초원 안에는 다양한 식물들이 저마다의 형태와 색감으로 존재하지만 여러 식물이 하나로 어우러져 마치 바다를 보는 것처럼 경관 전체가 하나로 읽힌다. 폐허정원의 경우 독립적으로 배치되어 있고 하나의 규모가 매우 작지만, 두 개의 폐허정원과 주변 화단을 유사한 식생으로 조성해 전체 공간이 분리된 정원이 아닌 커다란 주제를 관통하는 하나의 정원으로 이어지게 해 공간이 확장되는 효과를 얻고 있다.

↑ 나란하게 이어진 두 개의 폐허정원과 주변 화단의 식생은 유사한 초지 경관을 형성하며 하나의 이미지로 이어진다. 폐허정원은 단절되고 분리된 작은 정원이 아니라 확장된 정원의 일부분처럼 교묘하게 주변 공간과 어우러진다.

↓ 폐허정원의 중심축을 이루는 철길을 따라 시선도 뻗어 간다. 멀리 목련은 숲을 이루고 그 너머로 줄지어 선 삼나무와 편백나무는 짙은 그늘을 만들어 깊이감을 더해 준다.

다양한 시점을 만들어 주어도 좋다. 똑같은 공간도 어디서 보느냐에 따라 새롭게 읽히고 훨씬 커 보인다. 이끼정원의 경우 건물 안에서 보는 모습, 건물을 나와 덱을 따라 거닐며 보는 모습, 옥상으로 오르는 계단에서 보는 모습 등 어디에서 보느냐에 따라 전부 다르게 읽힌다. 다양한 시점을 이용한 입체적인 관람을 할 수 있게 만들면 똑같은 공간을 상대적으로 규모감 있게 그리고 깊이 있게 전달할 수 있다.

태풍이 지나가는 길목

여름부터 가을 사이 제주에는 수차례 크고 작은 태풍이 찾아온다. 이맘때 정원은 다가올 태풍을 대비하고 다녀간 태풍을 정리하는 일로 꽤 분주해진다. 태풍은 거센 바람과 함께 많은 비를 내리기 때문에 시설물 단속과 함께 배수로를 정비하는 일이 중요하다. 평상시 큰비가 올 때 정원에 물이 들고 나는 상황을 주의 깊게 살펴 위기에 대비할 수 있어야 한다.

태풍이 오기 전에 목련처럼 키가 큰 나무들은 무성하게 자란 가지를 일부 잘라 주는 것이 좋다. 바람이 통할 수 있도록 길을 내어 주어야 나무가 쓰러지거나 큰 가지가 부러지는 피해를 막을 수 있다. 심어서 얼마 되지 않은 나무들과 키가 큰 초화는 필요에 따라 묶어 주거나 지주를 해 주기도 한다. 태풍이 불면 아카시아속, 부들레야속 $Buddleja$ 같은 양수들이 늘 피해를 본다. 빨리 자라는 속성수의 특성상 조직이 치밀하지 못해 강한 바람에 쉽게 부러진다. 꽃이 한창이던 팜파스그래스 '푸밀라'는 어김없이 꽃대가 휘어지고 억새, 수크령, 실새풀 $Calamagrostis\ arundinacea$ 도 바람을 이기지 못해 휘청거린다. 이제 막 꽃을 피우기 시작한 가을꽃들은 비에 젖어 무거워진 몸이 바람에 휘둘려 땅으로 눕는 일이 허다하다.

태풍이 지나간 정원은 마치 전쟁터를 방불케 한다. 아수라장이 된 정원 앞에서 안타까운 마음은 쉽게 진정되지 않는다. 그러나 대자연이 하는 일, 공정하나 가차 없는 일, 그저 묵묵히 상황을 정리하고 다시 마음을 가다듬어야 할 일이다. 시설물 피해가 없는지 살피고, 부러진 나뭇가지와 흩어진 잎들을 정리하고, 쓰러진 초화는 일으켜 세우되 잘라 낼 것들은 과감히 잘라 내 새잎을 기다린다.

↑ 아카시아속 같은 속성수는 조직이 치밀하지 못해 태풍에 쉽게 부러진다. 미리 큰 가지를 잘라 놓기도 하지만 강한 바람에는 여지없이 부러져 피해를 보는 경우가 많다.

↓ 태풍이 불고 나면 키가 큰 초화류는 줄기가 부러지거나 힘없이 쓰러져 땅으로 눕는 일이 많다. 특히 여름-가을에 절정을 이루는 양지성 초화들의 피해가 크다.

다섯 번째
계절
가을

가을로 가는 길

몇 차례의 태풍을 보내고 나면 정원에도 변화가 일어난다. 매미 울음소리는 잦아들고 여기저기에서 풀벌레 울음소리가 들려온다. 하늘은 드높아져 맑게 빛나고 축제처럼 들떠 있던 정원 분위기는 조금씩 가라앉는다. 한낮의 온도는 여전히 뜨겁지만, 아침저녁으로 불어오는 바람은 제법 쌀쌀하다. 찬바람을 맞은 억새는 이른 꽃을 피우기 시작하고, 꽃이 진 자주천인국속에키나시아 식물의 씨앗은 단단하게 익어 간다. 누가 일러 주지 않아도 자연스럽게 여름이 가고 가을이 온다는 사실을 느낄 수 있다.

태풍으로 무참히 쓰러졌던 식물들도 다시 힘을 내기 시작한다. 여름부터 꽃이 한창이던 수크령은 계속해서 꽃을 피워 내고 실새풀도 조금씩 태풍이 남긴 상처를 회복해 간다. 층꽃나무와 다알리아속 Dahlia 식물은 풍성하게 꽃을 피우고 팜파스그라스 '푸밀라'도 새롭게 꽃대를 세워 자리를 지킨다. 태풍에도 건재함을 과시했던 큰개기장 '헤비 메탈' Panicum virgatum 'Heavy Metal'은 은청색 잎을 꼿꼿하게 세워 공간에 힘을 더하고, 바람에 기울었던 수크령 '루브럼' Pennisetum setaceum 'Rubrum'은 흑자색 잎을 스스로 일으켜 가을을 맞이한다. 살아남아서 다시 삶을 이어 가는 생명의 근성은 태풍과 견주어도 지지 않을 거대한 힘을 지니고 있다.

이 시기에 정원사는 부쩍 고민이 많아진다. 태풍이 휩쓸고 간 자리를 정리하다 보면 어딘가 허전해진 빈 곳을 발견하게 되고, 새로운 계절을 꾸며 줄 식물을 찾아 플랜트센터를 방문하는 일이 늘어난다. 다행히 천수국속 식물 Tagetes, 메리골드, 천일홍 Gomphrena globosa, 백일홍 Zinnia elegans 같은 한해살이 식물들이 재빠르게 성장해 빈 곳을 메워 주고 풍성하게 꽃을 피워 정원의 활력을 더해 준다. 배암차즈기속, 참취속 Aster, 아스터, 아스테르, 배초향속 Agastache 식물들은 이제 곧 펼쳐질 그라스의 향연에 훌륭한 조연이 되어 줄 것이다. 최근에는 유통되는 정원식물들의

↑ 억새가 꽃을 피워 가을을 알린다.

↓ 억새와 털쥐꼬리새가 어우러진 폐허정원의 가을

종류도 다양해지고 색감 또한 은은하거나
빈티지한 계열이 많아 양지성 식물 특유의
경쾌함을 유지하면서도 한층 세련된
기품을 더해 주고 있다.

↑ 수크령 '루브럼'
↑ 천일홍 '파이어웍스'가 꽃을 피운 가을 화단
↓ 가을 화단의 다알리아속 식물
↓ 풍지초 '아우레올라'

태풍이 지나간 후에 꽃을 피우는 식물들

평온을 찾은 정원 안으로 가을 햇살이 들어온다. 암대극이 휴면으로 사라진 폐허정원에서는 카펫처럼 깔린 아주가 Ajuga reptans의 녹자색 잎이 도드라지고, 때를 기다렸다는 듯이 살비아 '서머 주얼' Salvia 'Summer Jewel'이 여기저기에서 꽃을 피운다. 경쾌하고 발랄한 이 한해살이 식물은 해마다 씨앗이 떨어져 어김없이 싹을 틔우는데, 길게 뻗은 꽃대는 층층으로 꽃을 달고 단정하게 모여 난 잎은 꽃의 색감을 선명하게 받쳐 준다.

입구정원에서는 큰꿩의비름 '오텀 조이' Sedum spectabile 'Autumn Joy'가 꽃망울을 잔뜩 달고 있다. 둥근 잎은 켜켜이 쌓여 기둥을 만들고 작은 꽃은 촘촘히게 모여 지붕을 이룬다. 단단한 실루엣과 두툼한 잎은 투박한 돌무더기 사이에서도, 그라스의 가는 선 속에서도 절묘한 대비를 이루며 아름답게 어우러진다. 그러나 벌레들의 집중 공격을 받아 숭숭 뚫린 잎으로 가을을 넘기는 것이 몹시 안타깝게 느껴진다.

재배정원에서는 대상화 Anemone hupehensis var. japonica가 한창이다. 맑은 노란색 수술과 밝은 자색 꽃잎이 가느다란 꽃대 위에서 경쾌하게 하늘거린다. 봄의 대상화가 청초하다면 가을의 대상화는 좀 더 풋풋하고 발랄한 느낌을 뿜어내는데, 이삭이 맺힌 꽃그령 Eragrostis spectabilis과 비슷한 높이로 뒤섞여 가을 화단의 분위기를 고조시킨다.

천일홍 '파이어웍스' Gomphrena globosa 'Fireworks'와 오레곤개망초 Erigeron karvinskianus는 특유의 근성으로 꾸준히 꽃을 피운다. 입구정원 초입에서 베케로 들어오는 사람들을 맞이하는 일종의 '웰컴 플랜트' 같은 식물이다. 태풍도 꿋꿋이 이겨 내는 이 강인한 식물은 잡초 같은 생명력으로 왕성하게 성장하는데, 특히 오레곤개망초의 경우 작고 여려 보이는 생김새와 달리 번성하기 시작하면 주변 식물의 몸체를 덮을 만큼 무성하게 자라기도 한다. 시기에 맞추어 적당히 제어해 줄 필요가 있다.

↑ 큰꿩의비름 '오텀 조이'

↑ 층실사초와 대상화

↓ 멜리니스와 대상화

↑ 주황배초향 '나바호 선셋'

Agastache aurantiaca

'Navajo Sunset'과 백일홍

↑ 대상화

↑ 털쥐꼬리새를 배경으로 꽃을 피운 산박하와 천수국속 식물(메리골드)

↓ 맨드라미 '플라밍고 페더' *Celosia* 'Flamingo Feather'

가을꽃길, 흰꽃나도사프란

여름부터 꽃을 피웠던 흰꽃나도사프란 Zephyranthes candida도 태풍이 지나고 난 후 절정을 맞이한다. 폐허정원과 입구정원 화단에서 발돋움하듯 삐죽이 올라온 이 작은 식물은 가을과 함께 하얗게 꽃을 피워 사람들의 시선을 사로잡는다. 암대극이 휴면에 들어가 다소 허전해진 폐허정원의 산책로 옆에서, 지면 위에 설치한 스틸그레이팅배수구 등을 덮을 때 많이 활용되는 강철 재질 격자 재질의 철길 밑에서, 이름 그대로 꽃길을 만들어 발을 내딛는 사람의 마음을 설레게 한다.

흰꽃나도사프란은 수선화과 여러해살이풀이다. 따뜻한 제주 기후와 잘 맞아서 오래전부터 관상용으로 애용되었다. 키는 20센티미터 정도로 작지만, 그늘이 지는 곳에서는 다소 길게 자란다. 짙은 녹색 잎은 여럿이 모여 꼿꼿하게 땅을 뚫고 올라오고, 여름과 가을 사이에 꽃을 피워 겨울을 상록으로 넘긴다. 베케정원에서는 단독으로 무리 지어 심거나 잎이 유연한 모로위사초 '실크 태설', 봄에 꽃을 피우는 나팔수선화와 함께 심었다.

동폐허정원의 철길 밑으로 피어난 흰꽃나도사프란은 다소 생경하기까지 하다. 발아래로 피어난 꽃을 내려다보는 일이란 일상에서 쉽게 접하기 어려운 경험이니 말이다. 지면보다 다소 높은 위치에 만들어 놓은 발판을 따라 꽃 위를 걸어가는 일은 대단히 낭만적으로 느껴지기도 하지만 간혹 발판의 투박한 구멍 사이로 얼굴을 내밀고 있는 하얀 꽃을 보면 발을 내딛기가 조심스러워 마음이 불편할 때도 있다. 주변의 대형 그라스들과 철길이 만들어 내는 옅은 그늘은 식물을 좀 더 길게 자라게 하고, 식물은 마치 빛을 갈구하듯 길 위로 솟아올라 지나가는 사람의 걸음을 멈추게 한다.

사실 이 길은 베케의 작은 시도이자 모험이었다. 가급적 인위적인 시설을 최소화하고 동선 때문에 식물의 영역이 단절되지 않도록 확장된 생태공간을 만들고 싶었다. 높이 조절에 착오가 있어

아쉬움이 남긴 하지만 가능성을 확인할 수
있는 좋은 경험이었다. 늘 그렇듯이 이러한
경험이 쌓여 새로운 지혜와 통찰이 되리라
기대하며 조만간 높이를 조절해 길을
보수할 계획도 세우고 있다.

태풍 이후 절정을 맞이한 흰꽃나도사프란

'핑크뮬리'의 분홍색 물결

9월은 '핑크뮬리'로 알려진 털쥐꼬리새 *Muhlenbergia capillaris*의 계절이다.
털쥐꼬리새는 수크령이 정점을 찍는 8월 말부터 조금씩 꽃을 피우기 시작해 약 15~20일이 지나면 완연하게 색이 짙어진다. 가늘고 긴 꽃자루는 무수히 돋아 나와 얽히기 시작하고, 이 끝없는 연속이 이루는 거대한 네트워크는 설명할 길 없는 극단의 부드러움으로 분홍색 물결을 만들어 낸다. 몽롱하고 흐릿하게 배경을 뭉개는 털쥐꼬리새는 사람을 아름답게 받쳐 주는 마법을 부린다. 실루엣이 분명하고 전체적으로 둥근 형상을 지닌 사람의 형태는 잘게 부서지는 털쥐꼬리새와 부딪혀 절묘한 대비를 이룬다. 꽃은 어느 순간 개개의 형태를 버리고 색채와 질감이 만들어 내는 분위기로만 남아 사람을 감싸 안는다. 그 때문인지 이맘때 베케를 찾는 사람들은 솜뭉치 같은 경관 속으로 불나방처럼 파고들어 찬란한 한때를 사진으로 남기느라 여념이 없다.

털쥐꼬리새는 프레리prairie라 불리는 건조한 북미 초지대에 서식한다. 가는 은청색 잎은 여름철까지 크게 주목받지 못하다가 꽃이 피면서 사람들의 시선을 한순간에 사로잡는다. 수염풀속과 멜리니스속처럼 건조한 지역의 식물이지만 물빠짐이 좋은 양지에 심으면 제주의 장마철 기후에도 문제없이 적응한다.

털쥐꼬리새의 분홍빛 물결은 9월에서 10월까지 약 두 달 동안 계속된다. 은은하게 올라오던 분홍빛은 선명한 자색으로 반짝이다 시간의 흐름과 함께 오묘한 파스텔톤으로 바랜다. 겨울이 되면 완전히 색이 빠져나가 백색에 가까운 황색이 되는데 신기하게도 색이 빠진 털쥐꼬리새는 전혀 다른 느낌으로 겨울 정원을 새롭게 꾸며 준다. 어떤 사람들은 이 겨울빛에 매료되어 털쥐꼬리새의 절정기를 겨울로 치켜세우기도 한다. 그러나 이 매력적인 식물을 우리는 언젠가부터 경쟁하듯 과도하게 이용하고 있다. 수요가 있으니 공급이 있는 것은

↑ 털쥐꼬리새 군락은
  유연하게 어우러져,
  형태감이 또렷한
  다른 식물이나 사물과
  대비를 이룬다.
↓ 초가을, 폐허정원
  화단에서 개화를
  시작하는 털쥐꼬리새

당연하지만, 외국에서 들어온 낯선 식물이 우리 고유의 생태를 위협하는 것이 아니냐는 우려가 일기도 했다. 그러나 털쥐꼬리새를 이용해 본 결과, 정원에 심은 털쥐꼬리새는 근경뿌리줄기을 뻗어 무성하게 자라거나 왕성한 자연 발아로 주변 식생을 단기간에 장악하는 공격적인 성향이 적은 편이다. 인위적으로 식재된 경우가 아니면 다른 식물의 생태적 지위를 위협할 정도의 공격성은 없어 보인다. 무조건 제재하기보다는 어떻게 올바르게 이용할 수 있는지를 고민해야 할 것 같다.

다시 피어나는 '루비그라스'

털쥐꼬리새와 함께 루비그라스도 꽃을 피운다. 봄에 한껏 피어나 정원을 장식했던 루비그라스는 익숙하지 않은 제주 장마에 심한 몸살을 앓다가 연이은 태풍으로 또 한 번 시련을 겪는다. 그러나 이 강인한 식물은 고요한 가을날 다시 반가운 꽃을 피워 정원을 밝혀 준다. 고난을 이겨 낸 굳은 의지를 드러내듯 꽃은 봄보다 더 진하게 올라오고 이름 그대로 보석처럼 피어 아름답게 반짝거린다.

루비그라스는 멜리니스 '사바나'의 영어 이름으로, 꽃 색깔이 루비를 닮아 붙은 이름이다. 꽃은 선명한 자색으로 피기 시작해 만개하면 흰색에 가까워지는데, 꽃들이 시차를 두고 피기 때문에 하나의 식물체 안에서 다양한 색감이 절묘하게 뒤섞인다. 햇빛이 잘 드는 곳에 심으면 빠르게 성장해 단기간에 풍성해지고 봄가을에 수시로 꽃을 피워 오래도록 정원을 꾸며 준다. 제주에서는 초겨울까지도 꽃이 피어 있는 경우가 있고, 꽃이 지고 난 후에도 식물체의 형태가 온전히 남아 겨울정원에서도 힘을 발휘한다.

털쥐꼬리새는 꽃이 솜뭉치처럼 모여서 공간을 가득 메우지만 루비그라스는 꽃대가 독립적으로 길게 뻗어 몇 가닥의 선을 그리듯 피어난다. 털쥐꼬리새는 개체가 모여 있을 때 가치가 상승하는 반면 형태감과 움직임이 뚜렷한 루비그라스는 모아 심어도, 하나씩 독립적으로 심어도 무난하게 좋다. 단, 습기에 취약하므로 반드시 통풍과 배수가 원활한 양지에 심고 가급적 밀식되지 않도록 넉넉히 거리를 두어 심는 것이 중요하다. 지나친 멀칭은 삼가고 겨울 동안 묵은 잎은 이른 봄 새잎이 나기 전에 잘라 내야 바람과 햇빛이 충분히 스며들어 식물의 생육이 좋아진다. 제주를 비롯한 일부 남해안 지역에서는 겨울을 넘겨 여러 해를 살지만, 중부지방에서는 내한성이 약해 한해살이풀처럼 자란다.

멜리니스 '사바나'와 가는잎나래새,
오레곤개망초가 어우러진 늦봄의 화단

재배정원의 멜리니스 '사바나'. 장마철을 전후하여
봄·가을에 루비색 꽃을 피운다. 베케정원에서처럼
높이가 있는 화단에 심으면 물 빠짐이 수월하고,
눈높이와 식물체의 크기가 조화롭게 어우러져 식물의
아름다움을 더욱 만끽할 수 있다.

지구의 모든 식물은 정원식물

베케정원에는 다양한 식물들이 있다. 북미 원산 털쥐꼬리새와 남아프리카에서 온 루비그라스, 뉴질랜드 사초속 Carex 식물들과 유럽의 꽃들, 중국과 일본의 나무들과 제주 숲의 양치식물들이 함께 공존한다. 누군가는 왜 자생식물이 아닌 외국의 식물을 심냐고 묻기도 한다. 그들이 말하는 자생식물은 아마도 대한민국 경계 안에서 나고 자란 식물을 의미할 텐데, 자연에 국경이 존재하는 것인지 되묻고 싶어질 때가 있다.

지구는 자연이라는 하나의 거대한 시스템이다. 기후적으로 혹은 지리적으로 구분될 수는 있겠지만 국가 같은 인위적인 개념으로 구분될 수 있는 것은 아니다. 더욱이 우리가 사용하는 정원 소재들은 대부분 100여 년 이상 외국 정원에서 이미 검증받은 식물들이다. 만약 침략적으로 귀화되어 주변 생태를 교란하거나 무성하게 정원을 잠식해 다른 식물들의 생태적 균형을 무너트린다면 정원 역사 속에서 살아남기 어려웠을 것이다.

우리가 외국의 식물을 경계할 때 오히려 새와 곤충들은 편견 없이 그들을 대한다. 니포피아속 식물이 아프리카에서 왔는지 알 길이 없는 제주의 직박구리가 망설임 없이 그 식물의 줄기에 앉아 꿀을 먹는 모습은 대단히 인상적이다. 누가 일러 주지 않아도 니포피아속 식물이 조매화새가 꽃가루를 운반해 주어 수분이 이루어지는 꽃임을 직감하고 용기 있게 다가서는 직박구리는 우리보다 훨씬 포용적이고 자애롭다. 직박구리를 보고 있으면 우리의 굳어진 관념이 얼마나 우리의 행동과 삶을 경직시키는지 새삼 깨닫게 된다.

정원은 자연을 추구하지만 결국 사람이 만드는 공간이다. 자연을 근간으로 하되 자연의 단면이 극대화된 '편집된 아름다움'이 필요하다. '다양한 꽃'을 향한 사람들의 욕구를 막을 방법도 없어 보인다. 사람의 마음을 움직이는 정원, 정원사가 추구하는 가치를 실현하는 정원이 더욱 중요할 것이다. 식물의 국적보다는 서식지

영국 케임브리지대학식물원의 겨울정원에서 한국에
자생하는 곰딸기 *Rubus phoenicolasius*가 붉은 줄기를
드러내며 정원을 장식하고 있다.

환경이 먼저고, 이를 바탕으로 어떻게 정원 안에서 생태적으로 풀어내야 할지를 고민해야 한다.

물론 제주의 경우 강한 바람과 태풍, 여름철 장마와 높은 강우량이 정원에 도입할 수 있는 식물을 제한하는 요소로 작용한다. 베케 역시 제주 기후에 특화된 제주 자생식물을 도입하고 활용하기 위해 꾸준히 노력하고 있다. 동아시아 공통종임에도 불구하고 제주 기후와 토양에서 적응해 온 개성 넘치는 식물들이 섬 곳곳에 숨어 있으니 말이다. 결국, 지구의 모든 식물은 정원식물이며 거기서 내 정원의 환경에 맞고 내가 추구하는 정원의 미학과 철학에 적합한 식물을 선정하는 것이 중요하다.

여섯 번째
계절
늦가을

가을색으로 가득한 이끼정원

10월을 넘어서면 정원은 온전하게 가을로 들어찬다. 한낮의 더위는 사그라들고 습도는 낮아져 바람이 상쾌해진다. 이끼정원에서는 여름 동안 주춤했던 솔이끼와 깃털이끼가 다시 세를 넓혀 가고, 빗물정원 초입에는 낯선 물가이끼가 새롭게 터를 잡아 가기 시작한다. 이름도 생소한 물가이끼는 솔이끼보다도 낮고 촘촘하게 지면에 바짝 붙어 영역을 확장해 가고, 정원은 예측할 길 없는 새로운 판도를 예고하며 흥미진진한 긴장감을 더해 간다. 그러나 이끼들의 전쟁터에서도 한라부추 Allium taquetii 는 보라색 꽃망울을 터트리고 꼬랑사초는 묵묵하게 흐트러짐 없는 자세로 기품을 유지하고 있다.
가는잎처녀고사리와 청나래고사리는 차가워진 바람과 함께 서둘러 잎이 마르기 시작한다. 겨울이 따뜻한 제주에서는 이 시기에 마른 잎을 잘라 주면 간혹 가을 햇살에 새순이 올라와 겨울까지 푸른 잎을 유지하기도 하지만, 계절의 흐름에 따라 무르익어 흙색으로 바래고 천천히 땅으로 눕는 모습도 역시나 아름답다. 더욱이 청나래고사리의 경우 포자엽양치식물의 포자가 달리는 잎이 단단하게 형태를 유지하며 다음 해 봄까지 정원에 남아 있어 크게 아쉬울 것도 없다.

몇 년 사이 상당히 커진 석창포 '마사무네' Acorus gramineus 'Masamune' 는 이즈음 이끼정원에서 가장 화려한 시기를 맞이한다. 여름부터 돋아난 새순이 풍성하게 자라 올라 이끼정원의 가을과 겨울을 무게감 있게 지켜 낸다. 투박한 돌담과 매끄러운 이끼면 사이에서 서로 다른 두 질감을 조율하며 균형을 유지해 간다. 이끼정원의 석창포는 잎에 밝은 크림색 무늬가 뚜렷한 석창포 '마사무네' 품종으로 다소 왜성으로 자라지만 시간을 두고 커지면 큰 힘을 발휘한다.
이끼정원의 나무들도 조금씩 단풍이 들기 시작한다. 제주에서 완연한 단풍을 기대하기란 어려운 일이지만 쌀쌀해지는 날씨에 따라 정원의 색감과 분위기가

↑ 이끼정원의 낙엽 줍기
↓ 사람주나무와 덜꿩나무의 잎에 단풍이 들고 있다.

이끼정원의 가을. 정원은 가을색이 깊어져 가고 나무는
서서히 단풍이 들기 시작한다.

이끼정원의 나무들은 잎을 떨구어 가지를 드러내고
석창포 '마사무네'는 새잎이 풍성하게 자라 도드라진다.

달라지는 것을 느낄 수 있다. 나무에 따라 다소 차이는 있지만 보통 10월에서 11월 사이에 단풍이 시작되고, 11월을 넘어서면 하나둘 잎이 떨어지기 시작한다.

늦가을 해지는 오후의 이끼정원

늦가을 풍경 속 이삭의 군무

늦가을에도 털쥐꼬리새는 절정을 향해
달린다. 선명하던 분홍빛은 바래져
가지만 은은하고 묵직해져 오히려 기품이
느껴진다. 잎을 떨구고 있는 큰별목련
'도나'는 탁하게 흐려진 가을 털쥐꼬리새
무리 속에서 더욱 단단하게 가지를
드러내고, 단풍나무 '에디스버리'는 완전히
색이 바랜 겨울 털쥐꼬리새 속에서 붉게
물들어 갈 것이다. 색을 지니고 있을 때도,
색을 비우고 있을 때도, 무수한 선과
점이 어우러진 이 유연한 집합체의 힘은
확고하게 유지되고 있다.

해가 드는 화단에는 국화과 식물들이
한창이다. 구절초 *Dendranthema zawadskii*
var. *latilobum* 와 눈개쑥부쟁이 *Aster*
hayatae 는 풍성하게 꽃을 피워 화단의
경계를 덮고, 경쾌한 노란색을 뽐내는
미역취는 밝은 에너지를 내뿜으며
활기를 더한다. 제주에서 나고 자란
이들은 태풍에도 견고하게 스스로를

색이 바랜 털쥐꼬리새

지켜 내고 어김없이 꽃을 피워 가을을 마무리한다. 재배정원에서는 유파토리움 '초콜릿'*Eupatorium 'Chocolate'*이 겨울 색을 준비하고 설리번트루드베키아 '골드스텀'*Rudbeckia fulgida* var. *sullivantii* 'Goldsturm'의 씨송이는 까맣게 익어 눈에 띄게 도드라진다. 꽃이 피었던 자리마다 씨앗은 여물어 가고, 새들도 정원사들도 호시탐탐 기회를 노린다.

실험정원에서는 개미취 '진다이'가 꽃을 피운다. 곧게 뻗은 단단한 줄기는 억새와 수크령에게도 밀리지 않는 강인한 힘을 과시한다. 수직으로 자라 오르는 큰 키의 '진다이'는 바람에 쉽게 쓰러질 것처럼 보이지만, 그라스와 함께 심으면 생각보다 강한 바람도 잘 견딘다. 태풍 피해가 큰 제주의 가을 화단에서 매우 유용하게 쓰이는 식물이다.

늦가을 정원 곳곳에서는 벼과 식물의 이삭이 익어 간다. 식물마다 이삭의 모양은 제각각이지만 일반적으로 이삭이 익어 갈 수록 그 무게와 비례해 형태는 완만한 곡선을 이루며 휘어진다. 벼는 익을수록 고개를 숙인다더니 수크령도 털새*Arundinella* cv.도 저마다의 방식으로 겸손함을 드러낸다. 그러나 이삭이 그저 겸손하기만 한 것은 아니다. 바람의 일렁임에 따라 굽은 이삭이 흔들거리는 모양새와 시간에 따라 빛이 스며들어 반짝거리는 모습은 식물의 잎이 만들어 내는 아름다움과는 또 다른 아름다움을 보여 준다.

사실 이삭의 굽은 형태를 가장 쉽게 확인해 볼 수 있는 것은 강아지풀이다. 길가에서 흔히 보는 강아지풀은 하나의 이삭에 적게는 서너 개 많게는 수십 개의 씨앗이 달리는데, 어미의 건강 상태나 수분 결과에 따라 자식의 수와 크기가 결정된다. 사람도 식물도 자식을 위한 마음은 한결같지만 어미가 건강하지 못하거나 충분한 수분이 이루어지지 못하면 비립이 많아져 열매가 익어도 고개를 숙이지 않는다. 때문에 씨앗이 달리는 질과 양에 따라 이삭이 고개를 숙이는 각도가 달라진다. 이 때문에 저마다 다른 다양성을 확보한 이삭들이 바람에 흔들리며 나타나는 군무가 더욱 아름다워진다.

↑ 실험정원의 개미취 '진다이'

↓ 국화과 식물이 꽃을 피운 가을 화단

↑ 해국

↓ 갈색 사초 사이로 돋아난 암대극과 단풍이 든 정향풀속 식물

신기한 것은 강아지풀의 어미들은
본능적으로 이삭의 무게를 파악하고
난폭하고 변덕스러운 자연의 힘을 이겨 낼
수 있도록 가장 안정적인 형태를 유지하며
부드러운 곡선으로 휘어진다는 것이다.
덕분에 이삭이 지나치게 휘어지거나
쓰러지는 경우는 매우 드물며 저마다
다른 이삭의 무게를 효율적으로 감당하며
버텨 낸다. 특히 벼과 식물은 다른 부류의
식물들에 비해 대부분 섬유조직으로
이루어져 있어 강한 바람에도 이삭이 잘
꺾이지 않고 그 힘에 따라 춤을 추듯 몸을
맡겨 환경에 적응해 가는 모양이다.

수크령의 대담함

이맘때 수크령은 정원 곳곳으로 씨앗을 퍼트린다. 가끔은 공격적으로 정원사의 스웨터를 파고들기도 하는데, 열매 자루에 붙어 있는 짧고 단단한 거친 털은 초식동물과 더불어 사람의 옷자락에도 잘 옮겨붙는다. 커다란 동물의 몸에 붙어 초원 이곳저곳을 누비고 다니는 수크령의 모험은 상상만으로도 설레고 가슴 뛰는 일이다.

수크령은 원래 중국 원산 식물이다. 그러나 언제인가부터 귀화해 제주의 양지바른 오름과 들판에 서식하고 있다. 초원의 억새 군락 안에서는 경쟁에 밀려 자라지 못하고 보통 답압이 심한 길 가장자리를 따라 좁게 분포한다. 수크령 군락 안에는 산박하*Isodon inflexus*, 짚신나물, 개쑥부쟁이 등이 산발적으로 어우러지는데 가끔은 초원의 길 위에서 답압에 강한 질경이나 피막이 군락 사이에서 함께 돋아나기도 한다.

수크령의 독특한 분포지는 초식동물의
생활과 관련되어 있는 것 같다. 대부분
집단생활을 하는 초식동물은 주 서식처와
물과 먹이를 찾아 이동하는 통로가
있기 마련이다. 초식동물이 다니는 곳은
지속적인 답압 때문에 억새가 잘 성장하지
못한다. 이렇게 최강자가 사라진 곳에서
틈새를 노려 수크령이 씨앗을 퍼트리고
싹을 틔운다. 자연스럽게 사람이 다니는
산책로 주변도 이와 유사한 방식으로
수크령의 분포지가 되고 있다.
그러나 초식동물은 수크령을 뜯어 먹는
가장 큰 천적이다. 먹고 먹히는 관계에 놓인
상대를 이용해 후손을 퍼트린다는 발상은
대단히 과감하고 도발적이다. 도꼬마리나
도깨비바늘도 동물의 몸에 부착되도록
진화되었지만, 이들은 초식동물이 즐겨
먹는 먹이는 아니다. 억새가 막강한 힘으로
우점하고 초식동물이 지속적으로 생명을
위협하는 초원에서 나름의 전략과 지혜로
생활 터전을 유지해 나가는 수크령의
대담한 용기가 그저 놀라울 뿐이다.

↑ 폐허정원의 수크령
↓ 새별오름의 수크령. 수크령은 답압이 심한 길
  가장자리를 따라 분포한다.

단풍, 식물들의 겨울 준비

늦가을의 정원은 평온하다. 하늘은 맑고 바람은 고요하고 정원의 식물들은 한층 순해져 보채는 일이 없다. 정원사들은 새로 구입한 구근류를 화단에 심거나 잘 익은 씨앗을 채집해 보관하기도 하지만, 어떤 날은 벤치에 앉아 따뜻한 차를 마시며 무심하게 정원을 바라보기도 한다. 여유로운 가을날, 멀리 애기동백나무는 꽃이 한창이고 나뭇잎은 조금씩 물이 들어 색을 바꾸어 간다.

10월을 넘어서면 단풍이 시작된다. 열심히 한 해를 보낸 나무들은 광합성을 멈추고 그들만의 겨울방학을 준비한다. 온도에 민감한 엽록소는 기온이 낮아지면서 점차 소멸해 가는데, 이때부터 녹색에 가려져 있던 나무의 또 다른 색채가 조금씩 나타나기 시작한다. 기온이 높고 일교차가 크지 않은 서귀포에서 완연한 단풍을 만나기란 쉽지 않지만, 낙엽수가 많은 베케정원에서는 그래도 단풍이 만들어 내는 나름의 정취를 느낄 수 있다.

갈색으로 물이 든 낙우송은 서둘러 낙엽을 떨군다. 사람주나무와 참빗살나무는 불그스름해지고 황근 Hibiscus hamabo은 시차를 두고 녹색과 황색, 적색이 한 그루에서 어우러진다. 가막살나무와 수국도 자신만의 가을색으로 겨울을 준비하고, 목련은 커다란 잎이 황갈색으로 말라 무심하게 어그러진다. 예덕나무와 쪽동백나무는 느지막하게 노란 물이 들고, 검양옻나무는 선명한 붉은색으로 마지막까지 정원에 남는다.

단풍이 든 나무들은 얼마 지나지 않아 잎을 떨군다. 이끼정원에서는 낙엽 줍기가 시작되고 이끼정원을 제외한 대부분의 화단에서는 낙엽이 떨어져 그대로 쌓여 간다. 땅으로 떨어지는 것은 지구의 힘에 순응하는 것으로 자연으로 귀의하는 생명의 겸허함이 담겨 있다. 낙엽은 시간과 함께 부스러져 땅속으로 스미고, 흙이 되고 양분이 되어 다시 봄의 생명을 밀어 올려 위로 솟게 할 것이다.

팥배나무의 단풍

↑ 붉은말채나무 '미드윈터 파이어'와 사람주나무의 단풍
↑ 퍼너리의 사람주나무
↓ 이끼정원의 사람주나무
↓ 나무수국은 갈색으로 단풍이 들지만, 만병초 '티아나'와 층실사초는 여전히 푸른 잎이 싱그럽다.

↑ 붉은말채나무 '미드윈터 파이어'의 가을색
↓ 폐허정원의 예덕나무

↑ 단풍이 든 목련 잎
↓ 층실사초 위로 떨어진 목련의 낙엽

베케의 그라스

억새속, 수크령속 *Pennisetum*, 산새풀속 *Calamagrostis*, 기장속 *Panicum*, 참새그령속 *Eragrostis*, 좀새풀속 *Deschampsia*, 진퍼리새속 *Molinia* 등 수많은 벼과 식물들이 가을에 꽃을 피우고 이삭을 맺는다. 다른 계절에도 그라스는 정원에서 제 몫을 하며 아름다움을 드러내지만, 가을의 맑은 햇살과 선선한 바람은 벼과 식물의 몸을 타고 흘러 정원 안으로 자연의 초원을 그대로 담아낸다.

외떡잎 벼과 식물을 이르는 그라스는 사초과 식물이나 골풀 같은 유사한 형태의 식물을 아울러 총칭하기도 한다. 자연의 초원에서 나고 자란 이 식물군은 대부분 단단한 줄기 없이 지면에서 허공으로 잎을 뻗고, 가늘고 긴 잎은 한데 모여 부드럽게 땅을 덮는다. 그 어떤 식물보다도 빛과 바람을 고스란히 담아내어 가장 극명하게 보여 주고 잎이 마른 겨울에도 실루엣과 마른 색감으로 정원을 장식한다.

그러나 베케처럼 면적이 좁은 정원에 그라스를 심을 때에는 좀 더 신중해야 한다. 특히나 우리에게 익숙한 억새나 수크령은 대부분 크고 무성하게 자라 작은 정원에서 모아 심을 경우 정원이 더 협소해 보이거나 답답하게 느껴질 수 있다. 자칫 다른 식물의 생육을 방해하거나 경관을 지나치게 단조롭게 만들어 정원의 가치를 떨어트릴 수도 있다. 베케의 경우도 폐허정원과 실험정원을 제외하면 대형 그라스는 가급적 화단 가장자리로 제한해 배치하고 정원의 중심부에는 사초류와 크게 자라지 않는 중소형 그라스를 심고 있다.

수염풀속, 멜리니스속, 사초속, 풍지초속, 좀새풀속, 진퍼리새속 등은 베케에서 적극적으로 사용하는 그라스다. 최근에는 쥐꼬리새풀속 *Sporobolus* 모종을 정원 곳곳에 심기도 했다. 이 식물들은 잎이 1미터 이내로 지나치게 크지 않고, 선이 가늘고 색감이 좋아 작은 정원에서 자연의 야생성과 더불어 드라마틱한 계절감을 연출하기에 제격이다. 물론 멜리니스속

↑ 정원의 면적이 좁은 경우 팜파스그래스, 억새 같은 키가 큰 대형 그래스는 신중하게 이용한다.

↓ 폐허정원의 그래스

같이 내한성이 약한 그라스들은 제주를 비롯한 일부 지역에서만 제한적으로 사용할 수 있다.

중소형 그라스의 또 다른 장점은 태풍에 강하다는 것이다. 대형 그라스는 태풍에 무참히 쓰러지곤 하지만 상대적으로 작은 그라스들은 대부분 온전한 형태를 유지하며 가을을 맞이한다. 가을 식물들이 태풍으로 초토화된 제주의 초가을 정원은 겨울보다 황량할 때가 종종 있다. 그러나 작은 그라스들은 건강하게 가을을 넘기고 잎이 마른 후에도 형태를 유지해 겨울 정원의 중심을 잡아 준다. 그리고 키가 작은 구근류와 이른 봄꽃과도 조화롭게 어우러져 작은 화단에서 매우 유용하게 쓰인다.

양지바른 화단은 사초과 식물과 가는잎나래새 같은
중소형 그라스를 중심으로 조성했다.

그라스의 땅 초지와 제주 오름

초지에는 다양한 그라스가 자란다. 지구에 형성되는 모든 초지는 생태학적으로 자연초지primary grassland, 1차 초지와 2차 초지secondary grassland로 구분되는데 자연초지는 강력하고 특별한 기후조건 때문에 자연적으로 형성된 초지를 의미한다. 보통 건기와 우기가 뚜렷하게 나뉘는 곳이나 강수량이 매우 적고 토양조건이 척박한 곳에서 나타난다. 이러한 곳은 열악한 기후조건 때문에 천이과정이 멈추었거나 혹은 매우 느리게 진행되어 초지를 유지한다. 열대의 사바나savannah, 미국 동남부의 프레리prairie, 툰드라의 스텝steppe 등이 여기에 해당한다. 2차 초지는 반지연초지semi grassland, 메도meadow 혹은 방목지 등으로 불린다. 자연초지와는 달리 화입火入, 불 놓기과 방목 같은 인위적인 교란 때문에 만들어지는데, 제주의 오름과 중산간 억새초원이 여기에 해당한다. 억새초원은 천이 과정의 중간 단계 식생으로 인위적인 교란이 없다면 최소 10~30년이 지난 후에 관목림이나 양수림으로 변화한다. 그러나 제주 초지는 수백 년 동안 제주인의 삶과 깊게 연결되어 방목 같은 인위적인 간섭이 반복적으로 지속되면서 독특한 초지 경관을 유지해 왔다 할 수 있다.

우리나라 초지의 최강자는 억새다. 억새는 천천히 그러나 강력하게 초지 식생을 장악해 간다. 띠처럼 근경을 뻗어 왕성하게 번식하지는 않지만, 근경이 매우 촘촘하고 강력해서 한번 영역을 장악하면 좀처럼 다른 식물에게 내어 주는 법이 없다. 빽빽한 다른 벼과 식물 군락 속에서도 뛰어난 발아력과 생장력으로 성장하고, 성숙한 개체는 초원의 식물 중에서 가장 높게 자라는 능력이 있다.

띠는 천이 과정에서 억새 군락이 형성되기 전 단계에 나타난다. 솔새, 개솔새, 기름새 등과 함께 토양층을 발달시켜 억새 군락이 도입되기 위한 기반을 형성한다. 억새처럼 초지의 식물군락을 장악하며 장기간 대군락을 유지하는 것은 아니지만 군락

제주 오름의 억새 군락

내에서 항상 존재감을 유지하며 생태적
안정성에 기여한다. 근경의 세력이 왕성해
번지기 시작하면 그 위세가 대단하고
단기간 1~2년에 초지를 점령하기도 한다.
하지만 과도한 방목이나 지나친 간섭에초
등이 이루어지면 거꾸로 퇴행하여 잔디-
고사리 군락으로 변한다.

초지에 가해지는 인위적인 간섭의
정도에 따라 초지를 구성하는 식물의
종류도 변화한다. 제주 오름의 다양한
식물 군락은 초지 생태를 기반으로 하는
정원에 밑바탕이 되어 주고 제주의 기후와
토양에 최적화되어 있는 갯취, 산박하,
당잔대, 산부추왕정구지, 한라산비장이 등의
식물들은 정원을 강건하게 지켜 주는
훌륭한 소재가 되어 줄 것이다. 제주의
오름은 종다양성이 풍부한 생명의 땅으로
초지의 식물 그리고 이들과 먹이사슬로
얽힌 초식동물, 거기에 오름을 기반으로
살아온 제주 사람들이 함께 어우러지던
공간이다. 자연주의 정원의 개념과
부합되는 곳으로 제주형 자연주의 정원의
훌륭한 교과서라 할 수 있다.

일곱 번째
　　　계절
　　겨울

조용히 다가온 손님

느긋한 제주의 겨울은 언제나 서두르는
법이 없다. 제주에서도 가장 따뜻한 곳에
위치한 베케. 참중나무 '플라밍고'는 아직
빛바랜 연두색 잎을 다 떨구지 못했고,
어린 검양옻나무는 붉은 단풍이 가지마다
가득하다. 그러나 납매는 이른 꽃을
피워 정원에 향기를 더하고, 성격 급한
꼬랑사초는 벌써부터 새순을 품어 봄을
기다린다. 아직 다 마르지 못한 사초의
잎에는 여전히 초록 기운이 남아 있고,
새잎이 잔뜩 돋아난 가는잎나래새는
지난 여름철 마른 잎이 새치처럼 뒤섞여
절묘하게 어우러진다. 베케의 겨울은 분명
존재하지만 시작과 끝이 모호하고 연이은
계절과 혼재되어 언제나 조용히 다가온다.
베케의 정원사는 이끼정원의 낙엽 줍기가
끝날 무렵 겨울을 체감한다. 낙엽은
가을의 정취와 낭만을 불러일으키고
푸른 이끼면 위로 색감이 좋은 점을
흩뿌려 강렬한 인상을 남긴다. 그러나

↑ 겨울에 꽃을 피우는 납매. 꽃은 작고 색이 옅지만,
향기가 진하게 퍼져 주변을 가득 메운다.

↑ 좀처럼 영하로 떨어지지 않는 제주의 따뜻한 겨울 날씨 때문에 이끼들은 겨울에도 생육을 이어 가고 정원은 푸른 빛이 여전하다.

↓ 삼나무와 만병초의 푸른 잎이 사계절 내내 정원의 배경이 되어 준다. 푸른 색감은 갈색으로 마른 그라스와 대비를 이루며 어우러져 봄과 겨울의 경계를 오가는 듯한 제주의 독특한 겨울 풍경을 연출한다.

낙엽이 쌓이면 이끼가 광합성을 하기 어려워지고, 땅과 밀착해 부드럽게 흘러내리는 이끼면의 절제된 아름다움이 가려진다. 늦가을 매일 아침 낙엽을 줍는 이 단순한 노동은 어쩌면 이끼정원의 미학을 완성하는 성스러운 의식인지도 모르겠다. 이 의식이 종결되는 순간 정원은 겨울의 문턱을 넘어서고 정원의 색채는 한층 바래져 더욱 먹먹해진다.

12월 중순부터 목련이 꽃을 피우는 2월 중순까지 베케는 겨울을 맞이한다. 바람은 매섭고 어떤 날은 정원을 다 덮을 만큼 눈이 내리기도 하지만 베케의 겨울은 가을의 연장선에서 봄을 품어 태동하듯 존재한다. 겨우내 수선화는 꽃이 한창이고 백서향과 삼지닥나무는 꽃눈을 부풀린다. 톱풀처럼 도전적인 식물들은 가을부터 새순이 올라와 마른 풀 사이에서 푸르게 화단을 덮는다. 가을에 다시 돋아난 달맞이글라디올러스는 싱그러운 녹색 잎으로 겨울을 나고 뒤늦게 나온 나도히초미의 어린순도 특유의 생명력으로 추위를 견딘다.

↑ 가을에 돋아난 암대극과 흰꽃나도사프란, 가는잎나래새가 푸른 잎으로 겨울을 난다. 아주 천천히 잎 색이 바래는 사초과 식물들도 초겨울까지 푸른빛을 유지한다.

↓ 푸른 잎과 마른 잎이 뒤엉킨 베케의 화단

이끼정원의 겨울

겨울이 되면 낙엽수는 본연의 형태를 드러낸다. 잎이 떨어진 나무는 그들이 견뎌 온 세월이 고스란히 묻어나 처연해 보이기도 한다. 가지는 더할 나위 없이 명징하게 하늘을 가르지만, 그 안에는 어디로 뻗어 내야 하는지 수없이 질문하고 망설였을 지난날 나무의 고심이 서려 있다. 시린 바람과 함께 잎을 떨군 자리는 여백이 되고, 여백은 하늘을 담아 아득해진다. 목련의 꽃눈은 미세하게 부풀어 오르고 여전히 푸른 층실사초레모타사초 위로 또렷한 점을 찍으며 눈처럼 흩날린다.
잎을 떨군 나무들은 수피로 그려 내는 자신만의 색감과 무늬를 공고히 하며 호락호락하지 않은 기질을 보여 준다. 확고한 거절을 표명하듯 솔비나무는 한층 더 탁해지고, 노각나무는 선명하게 녹물이 들어 다가서기 어려운 냉기를 뿜어낸다. 멀리 버드나무 '골든 네스'는 노란 가지로 하늘을 할퀴고 중국복자기는 스스로 적갈색 껍질을 가차 없이 벗는다. 이는 먹을 것이 귀한 겨울 초원에서 초식동물로부터 스스로를 지켜 내기 위한 전략이었을 수도 있지만, 이 선명하고 차가운 색채는 시린 바람과 쓸쓸한 기운이 맴도는 겨울정원 안에서 가장 명확하게 그들의 존재 가치를 드러내 준다.
이즈음 이끼정원에 서면 정원의 중심 골격을 이루는 땅과 나무들의 구조가 한눈에 들어온다. 지형의 변화감이 다채롭고 여러 구조물이 함께 어우러지는 이끼정원은 겨울철에 그 선과 형이 가장 명백해진다. 땅의 흐름을 따라 베케 돌담은 거칠고 투박한 선을 묵직하게 그려 내고, 돌담 너머로 이어지는 잔가지들의 중첩된 선은 공간에 깊이를 더하며 멀어진다. 겨울정원이 아름다우면 다른 계절은 저절로 아름다운 법. 이끼정원의 절제된 균형미가 더욱 돋보이는 시기다.
그러나 겨울이 되어도 이끼는 여전히 푸른빛을 잃지 않는다. 좀처럼 영하로 떨어지지 않는 서귀포의 온화한 겨울 날씨 속에서 이끼는 쉬어 갈 줄 모르는 모양이다.

빗물정원에서 바라본
낙우송정원

가을부터 찬란하던 석창포 '마사무네'도
여전히 생기가 넘치고 키 작은 백량금은
크고 붉은 열매를 달아 멀리서 오는 새들을
유인한다.

↑ 이끼정원의 겨울
↑ 겨울색이 짙어진 빗물정원의 꼬랑사초
↓ 눈 내리는 겨울날, 가지를 드러낸 이끼정원의
  목련 '제인 플랫'

수피가 아름다운 베케의 겨울나무

가나다순

노각나무 *Stewartia koreana*

기온이 떨어지면 나무의 수피가 선명한 녹물이 든 것처럼 탁한 주황색으로 변한다. 가지마다 남아 있는 검게 마른 열매 껍질도 인상적이다.

단풍나무 '에디스버리' *Acer palmatum* 'Eddisbury'

1월부터 가지가 붉게 변하는데, 붉은색이 선명하고 또렷하다. 땅에서 시작된 붉은색이 핏줄처럼 뻗어 하늘로 닿는다. 마른풀 사이에서 시선을 압도한다.

버드나무 '골든 네스' *Salix* 'Golden Ness'

가지 끝마다 노란 물이 가득 들어찬다. 가늘고 길게 뻗은 가지가 무수한 선으로 하늘을 가른다. 가지의 선이 마른하늘에 빗물처럼 내린다. 풍성하고 유연하나 다소 쓸쓸한 기운이 스며 있다.

중국복자기 *Acer griseum*

어두운 적갈색을 띠며, 수피가 벗겨지면서 질감이 탁해진다. 운치 있고 먹먹한 감정을 불러일으키는 이 나무는 도드라지지는 않지만 은은하게 겨울의 공간 속에서 어우러진다.

생명을 보듬는 '틈'의 세계

겨울이 되면 빛의 흐름도 달라진다. 태양의 고도는 낮아지고 낮아진 만큼 빛은 정원 안으로 더욱 깊숙이 들어온다. 카페의 커다란 유리창을 지나 건물 안까지 고르게 스며든 빛은 시린 바람으로 굳어진 사람들의 몸을 따뜻하게 녹여 주는 것만 같다. 여름날 북동쪽에서 시작되던 태양은 이제 자리를 옮겨 남동쪽에서 떠오르고 아침나절 빗물정원에서 시작되던 역광은 베케 돌담 뒤에서 이끼 위로 쏟아진다. 겨우내 남쪽에서 해를 등지고 서 있던 베케 돌담은 더욱더 짙어지고 깊어져 그 어느 계절보다도 완벽하게 어두워진다.

그러나 이 투박한 돌담은 크고 작은 틈마다 수많은 생명을 품고 있다. 돌담의 틈은 겨울의 추위와 바람 그리고 여름의 더위를 막아 주는 은신처가 되어 주기도 하고, 적당한 온도와 습도를 유지해 최고의 서식처가 되어 주기도 한다. 개미·지네·지렁이 같이 땅을 의지해 살아가는 무수한 곤충들에게 안락한 보금자리를 제공하고 때로는 족제비가 지나다니는 통로가 되어 준다. 적당한 그늘과 습도는 이끼와 양치식물의 포자를 싹트게 하고, 비파나무 씨앗도 곳곳에서 잎을 펼쳐 커다란 나무가 되기를 꿈꾸고 있다. 새들은 먹이를 찾아 끊임없이 날아오고 사람은 자연이 그리워 정원 안에 머물게 된다.

베케는 그저 무심하게 쌓아 올려진 돌담을 의미한다. 오랜 세월 동안 밭을 일구어 온 제주의 어머니들이 만들어 낸 엉성하고 투박한 구조물이다.

그러나 돌담이 만들어 낸 틈은 신기하게도 생명의 터전이 되어 종다양성을 풍부하게 하고 견고한 먹이사슬을 형성해 주고 있다. 제주 곶자왈이 가치를 지니는 것도 다름 아닌 이 틈이 있기 때문이다. 틈이 없으면 생명이 머물지 못하고 생명이 없는 공간은 주변으로부터 단절되기 마련이다. 베케 돌담의 가치는 정원과 자연을 매개하는 일종의 '틈'을 구현한 것은 아닐까, 생각해 본다.

크고 작은 돌을 엉성하게
쌓아 올린 돌담은
그 사이에 수많은 틈을
만들어 낸다.

겨울, 눈 내린 베케 돌담

겨울을 푸르게 나는 식물들

청나래고사리는 잎을 감춘 지 오래다. 그러나 빗물정원의 제비꼬리고사리와 나도히초미는 여전히 푸른 잎을 달고 있다. 얼핏 상록성으로 보이는 두 고사리는 사실 낙엽성 여러해살이풀이다. 일반적인 낙엽성 초본들은 잎이 마르고 난 후 봄에 새순이 돋아나지만 제비꼬리고사리와 나도히초미는 묵은 잎이 마르지 않고 겨우내 푸른색으로 남아 있다. 다음 해 봄 새순이 돋아날 무렵 묵은 잎은 조금씩 마르면서 기울어지고 새순이 자리를 잡아 굳어지기 시작하면 빠르게 땅으로 누워 색이 바랜다. 그러나 제비꼬리고사리의 경우 겨울철에 눈을 맞으면 잎은 순식간에 색을 바꿔 갈색으로 마른다. 아마도 제주의 온화한 겨울이 이 풀들의 도전의식을 불태우는 모양이다.

사초류는 겨울정원을 풍성하게 하는 일등공신이다. 꼬랑사초와 산뚝사초 *Carex forficula*는 잎이 마른 후에도 형태를 유지하고 상록성 사초는 거기에 색이 더해져 정원에 생기를 불어넣는다. 커다란 목련 아래 칼라와 함께 모아 심은 줄사초 군락은 단단한 풍채와 짙은 녹색의 견고함으로 목련을 아우르고, 다양한 품종의 모로위사초 *Carex morowii* cv.는 갖가지 모양과 색감으로 정원을 장식한다. 맥문동 *Liriope platyphylla*과 맥문아재비 *Ophiopogon jaburan*는 그늘에서 안정된 하층 구조를 형성하며 사계절 든든한 울타리가 되어 준다. 헬레보루스속 *Helleborus*과 상사화속 *Lycoris* 식물들은 단호한 결심이 선 듯 잎을 물리지 않고, 여름에 휴면하는 암대극과 가는잎나래새는 오히려 새잎이 한창이다. 초가을 돋아난 블루페스큐 *Festuca glauca* cv., 은사초는 싱그러움을 더하고 톱풀은 계절이 무색하게 초록으로 화단을 덮는다. 그러나 제주의 겨울은 가을 순이 머무르는 것은 묵인하되 무성해지는 것을 허락하지는 않는다. 식물들은 최대한 조심스럽게 그러나 용기를 잃지 않고 그들의 도전을 이어 간다.

↑ 뒤늦게 돋아 나온 어린 나도히초미의 새잎이 겨울을 푸르게 나기도 한다.

↓ 청나래고사리는 가장 먼저 잎을 떨구고 꼬랑사초는 서서히 휴면에 들어간다. 제비꼬리고사리는 오랫동안 푸른 잎을 유지하며 겨울을 난다.

↑ 상록성 가막살나무라 할 수 있는 월계분꽃나무. 잎도 푸르지만 붉은 꽃눈이 도드라져 아름답다. 봄과 함께 하얗게 꽃을 피운다.

↓ 암대극과 가는잎나래새는 여름 휴면을 마치고 가을에 새순이 돋아 나와 겨울을 푸르게 넘긴다. 암대극의 녹색과 마른 그라스의 잎이 절묘한 대비를 이룬다.

가지가 드러난 목련 아래에서 상록관목인 만병초가
든든한 하부경관을 만들어 내고 층실사초는 아주
천천히 잎 색이 누렇게 변한다.

거리를 두어야 아름다운 것들

1월이 되면 빗물정원 안으로 겨울이 내려앉는다. 꼬랑사초는 더욱 색이 바래 회갈색으로 마르지만, 반구형 구조체를 유지하며 돌처럼 무겁게 자리를 지킨다. 잎은 중앙으로 집중되어 다른 계절보다 더욱 둥글게 말리고 하나의 개체가 지니는 힘도 훨씬 밀도 있게 집약된다.

식물이 갖는 저마다의 기질과 특성이 잘 표현될 때 우리는 아름다움을 느낀다. 유연한 잎의 곡선을 넉넉하게 사방으로 펼쳐 내는 꼬랑사초의 형태미는 꼬랑사초 본연의 기질이 적합한 서식환경과 디자인 속에서 충분히 발현되었기 때문에 가능한 일이다. 그러나 적절한 생육환경을 조성한 후에도 어린 묘의 초기 식재 간격을 유지하지 못한다면 식물은 완전히 다른 형태로 성장할 수 있다.

일반적인 식재 공사의 경우 단위면적당 너무 많은 식물을 심는다. 식물의 성장을 고려하지 않고 초기의 허전함을 메우기 위해 땅을 덮는 것에만 급급하기 때문이다. 이 경우 식물은 고유의 형태를 제대로 드러내지 못하고 이웃한 식물과 경쟁하듯 위로 솟구쳐 엉성하게 웃자란 형태로 성장한다. 밀식된 식물은 자기만의 개성을 상실한 채 군락의 틀 안에 가두어지고, 식물 고유의 실루엣이 살아나지 않는 정원은 색과 패턴에 더욱 집착하는 악순환이 반복된다. 더욱이 식물이 밀식되면 고유의 형태만 사라지는 것이 아니다. 식물 사이의 여백을 통해 담을 수 있는 많은 것들이 함께 사라진다. 빛과 어둠, 바람의 움직임, 리듬감과 깊이감 등이 공간 안에서 완벽하게 자취를 감춘다. 이것은 정원의 가장 큰 상실이며 불행이다. 사실 자연에서는 씨앗이 떨어져 훨씬 더 많은 개체가 밀집되기도 한다. 그러나 성장 과정에서 뿌리를 제대로 안착하지 못한 어린 개체들이 경쟁에 밀려 자연스럽게 도태되고 선택적으로 살아남은 개체만이 독립된 힘을 지닌 성체로 성장한다. 그러나 인위적인 식재의 경우 포트pot에서 뿌리가 고르게 뻗은 안정된 상태로 땅에 옮겨지기

빗물정원의 꼬랑사초. 본연의 형태를 유지하며 성장한
식물은 힘이 느껴지고 개체들마다 개성이 잘 살아 있다.

때문에 식물들은 모두 비슷한 힘을 유지하며 성장한다. 이 경우 개별적으로 도태되는 것은 없어 보여도 지나친 경쟁으로 뿌리를 넓게 뻗지 못하고 식물 내부로 햇빛과 바람이 잘 통하지 않아 오히려 군락 전체가 나약해지는 결과를 가져온다.
충분한 영역을 확보해 건강하게 성장한 식물은 각각의 개성이 발현되어 고유의 아름다움을 드러낸다. 식물 사이의 자연스러운 거리는 리듬과 깊이를 만들고 시간과 계절에 따라 빛과 바람을 담아 정원을 충만하게 한다. 식물을 심을 때는 성장 후의 크기와 특성을 고려하여 간격을 조절하고, 군락의 경계가 획일적이지 않도록 유연하게 그려 내며, 군락과 군락 사이는 좀 더 여유를 두고 간격을 넓혀 준다.
만약 식재 초기 공백을 메우고 싶다면 목표하는 식물 사이로 하층식물을 혼식하는 것도 좋다. 어린 억새 모종 사이로 백리향*Thymus quinquecostatus*을 심으면 억새가 성장하는 1~2년 동안 빠르게 지면을 덮어 초기 경관을 형성해 줄 것이고, 억새가 커지면서 자연스럽게 도태될 것이다. 이때 하층식물이 지나치게 성장해 목표 식물을 장악하지 않도록 두 식물 간 생태적인 힘의 균형을 고려하는 것이 중요하다.

풀의 단풍, 갈색의 아름다움

단풍이라고 하면 보통 나무의 단풍을
떠올리지만 겨울정원에서는 오히려 풀의
단풍이 더 인상적이다. 그라스와 초지형
여러해살이풀이 중심을 이루는 폐허정원과
낙우송정원은 겨울이 되면 완전하게
색이 바래 다양한 갈색의 아름다움을
풀어 놓는다. 갈색으로 물이 든 식물에는
찬란했던 봄과 여름을 뒤로하고 가야
할 때를 미루지 않는 어떤 단호함 같은
것이 어려 있다. 마른 풀은 죽은 이의
몸을 감싸는 수의처럼 삼베를 닮은 색을
온몸으로 품어 서서히 땅으로 돌아갈
준비를 마무리한다.

마른 풀의 색감은 절제되어 있으나
단순하지 않다. 식물 종류에 따라 타고난
모양새가 다르듯 그들이 품었던 색도, 바랜
갈색도 같은 것은 하나도 없다. 벼과 식물은
구조체가 크지만 가장 옅은 색감으로
정원의 배경이 되어 주고, 기장속 *Panicum*
식물이나 털쥐꼬리새는 작은 이삭이 오래

↑ 꼬랑사초의 단풍
↑ 완전히 색이 바랜 꼬랑사초와 청나래고사리의 포자엽
↓ 털쥐꼬리새가 만드는 겨울 풍경
↓ 털쥐꼬리새와 단풍나무 '에디스버리'

남아서 서로 다른 식물들을 부드럽게 이어
준다. 반면 사초속은 단단한 형태감을
유지하며 좀 더 짙고 선명한 갈색을
드러낸다. 베케정원에서는 상록으로
겨울을 나는 사초속 식물들이 많아
바랜 갈색과 흐려진 녹색이 어우러지는
이색적인 경관이 연출되기도 한다.
빛이 드는 화단에서는 마른 가을 꽃들이
그라스와 부딪치며 대비되는 짙은 갈색
혹은 흑색으로 저마다의 형태미를
발산한다. 식물에 따라 촘촘하게
밀집되기도 하고, 산발적으로 흩어지기도
하고, 점으로 축약되거나, 선으로
나열되기도 하면서 화사한 색감과 꽃이
없어도 겨울정원을 다채롭게 만들어 준다.
그늘에서는 마른 산수국 꽃잎이 여전히
하늘거리고 풍지초 '아우레올라'*Hakonechloa
macra* 'Aureola'의 색 바랜 잎도 유연하게
공간을 아우르며 땅을 덮고 있다. 안으로
굽은 비비추 '블루 카뎃'의 꽃대는
묵직하게 자리를 지키고, 밖으로 굽은
자란의 꽃대는 낭창거리며 바람을 타고
움직인다.

↑ 털쥐꼬리새와 자주천인국속(에키나시아) 식물
↓ 층실사초는 단풍이 들고, 대상화와 꽃그령은 완전히
색이 바래 겨울색을 드러낸다

↑ 버드나무와 루비그라스의 단풍
↓ 겨울에도 남아 있는 산수국의 탁엽과 열매 꼬투리

사초의 품격

꼬랑사초는 풀의 단풍을 가장 극명하게 보여 준다. 늦가을부터 잎끝에서 시작된 강렬한 오렌지빛은 불꽃처럼 잎을 타고 흘러 식물체 중심부로 이동한다. 색이 지나간 자리는 어두워져 탁해지고 기온이 낮아질수록 흐려져 점점 색이 바랜다. 그러나 꼬랑사초의 매력은 단풍에 그치지 않는다. 계절마다 변하지 않는 안정된 형태감과 가는 잎이 그려 내는 유연하면서도 날카로운 곡선의 중첩이 식물 특유의 기질을 드러내며 공간의 정서를 만들어 간다.

사초속은 그늘에서 기원한 식물이다. 종에 따라 건조지나 양지에 적응한 것들도 많이 있지만 거슬러 올라가다 보면 그 시작은 숲이었다. 숲은 주변 환경 변화가 크지 않은 안정된 서식공간으로 과도한 경쟁이 없고 평화로운 곳이다. 숲의 식물들은 성장 욕망이 크지 않고 주변을 침범하거나 장악하려 들지 않는다. 서로의 생태적 지위를 존중하면서 자신의 영역을 공고히 하고, 그 때문인지 설명하기 어려운 여유로움과 도도한 기품을 뿜어낸다.

사초속 역시 숲속 식물의 특징을 그대로 간직하고 있다. 지나치게 번성하거나 무성해지지 않고 사계절 유사한 형태와 크기를 유지한다. 잎은 빛에 대한 탐욕이 없어 유연하게 곡선을 이루며 땅으로 굽는다. 이러한 기질은 공간 분위기에 그대로 스며들어 숲이 주는 안정된 정서를 그려 낸다. 햇빛을 향해 돌진하듯 선형으로 위로 뻗는 벼과 식물과는 다르게 좀 더 차분하고 느슨한 분위기를 만들어 낸다. 결국 공간에서 느껴지는 분위기는 공간을 이루고 있는 식물들의 기질과 특성에서 기인한다. 그리고 그 기질과 특성은 그들이 자라 온 서식환경과 생태에서 시작된다. 식물의 생태를 읽을 수 있어야 그 식물을 올바르게 이해하고 사용할 수 있으며, 그렇게 해야 식물 고유의 형태미와 함께 공간에 분위기와 정서를 제대로 담을 수 있다.

모로위사초 '실크 태설'.

물가에 자라지만 건조한
양지에서도 적응력이
뛰어난 산뚝사초.
낙엽성 사초로 겨울에는
잎이 마르고 봄에 새순이
돋는다. 잎이 길고
유연하며, 공간 안에서
여유롭게 뻗은 잎은
낭창낭창하게 흔들린다.
커다란 벽면이나 낙엽수
하부, 습지 가장자리에
심으면 좋다.

↑ 꼬랑사초는 습기가 있는 산지에 서식하며 양지부터 그늘까지 적응력이 뛰어나다. 빗물정원의 소재로 적당하다. 잎은 유연하게 곡선을 그리며 휘어지지만 촘촘하게 모여 나 사계절 내내 안정되고 단단한 골격을 유지한다. 단풍도 또렷하고 화사하며 잎이 마른 후에도 형태감이 살아 있어 겨울정원에서도 힘을 발휘한다.

↓ 층실사초는 빛을 향해 돌진하듯 위로 잎이 뻗는 양지성 그라스들과 달리 유연하게 곡선을 이루며 땅으로 잎이 굽는다. 가늘고 긴 잎은 부드럽게 휘어져 땅을 덮는데 그 유연함이 공간의 분위기를 장악해 차분하고 안정된 숲의 정서를 만들어 낸다. 낙엽성이지만 따뜻한 제주 정원에서는 오랫동안 푸른 잎을 유지한다. 꼬랑사초와 달리 잎이 늘어져 바닥에 누우며, 모아 심으면 공간을 부드럽게 받쳐 준다.

↑ 줄사초는 형태가 크고 짙은 녹색 잎이 힘차게 사방으로 뻗는다. 베케정원의 사초 중 가장 크고 왕성하게 자라며 다른 사초보다 유연함은 부족하지만 역동적인 힘이 느껴진다. 그러나 억새나 수크령에 비하면 부드럽고 온화한 느낌이다. 겨울을 상록으로 나고 정원에서 씨앗이 떨어져 발아한다.

↓ 테스타세아사초 '프레리 파이어'는 뉴질랜드에 자생하는 상록 사초로 단정하고 풍성한 둥근 형태다. 잎은 올리브 같은 녹색을 띠고 윗부분이 선명한 오렌지빛으로 반짝거린다. 양지에 심어야 색의 발현이 또렷하며 그늘에서는 거의 녹색으로 변한다.

↑ 프라겔리페라사초. 뉴질랜드에 자생하는 갈색 사초. 붉은빛이 돌고 생기가 넘치는 갈색으로 1년을 보낸다. 길고 가느다란 잎이 늘어지듯 땅을 덮는다. 이색적인 색감이 초록 식물들 사이에서 눈에 띄는 대비를 이룬다.

↓ 입구정원의 모로위사초 '실크 태설'. 잎은 가늘고 길며 흰 무늬가 선명하다. 유연한 형태와 더불어 맑은 색감을 지녀 다양한 식물들과 어우러짐이 좋다.

베케의 사초

가나다순

꼬랑사초
Carex mira

층실사초(레모타사초)
Carex remotiuscula

산뚝사초
Carex forficula

줄사초 *Carex lenta*

테스타세아사초
'프레리 파이어'
Carex testacea 'Prairie Fire'

프라겔리페라사초
Carex flagellifera

겨울의 초원, 폐허정원

폐허정원의 철길 위에 서면 정원은 겨울 초원이 된다. 억새나 수크령 같은 초장이 긴 대형 그라스와 초지형 여러해살이풀 그리고 섬세한 형태의 한해살이풀이 함께 자라는 이 작은 정원은 놀랍게도 상상 이상의 힘으로 우리를 자연과 대면하게 만든다. 철길은 정원의 지면보다 다소 높게 설치되어 사람의 시선을 정원 안으로 가두지 않고, 시선이 멀어진 거리만큼 정원의 심리적인 영역도 확장된다. 녹슨 철길의 연장선에는 숲의 시작을 알리듯 목련이 아련하게 서 있고, 그 뒤로 늘어선 편백나무는 바닥으로 어둠을 드리워 숲의 깊이를 더해 준다. 폐허정원 주변 화단에는 유사한 분위기의 풀꽃들이 어우러지고, 시선이 머무는 곳마다 정원의 경계는 쉽게 허물어진다.

콘크리트 벽체 너머 도로 쪽 화단에는 느릅나무, 버드나무, 낙우송, 박태기나무 등이 줄을 서 있다. 이들은 도로로 향하는

폐허정원과 낙우송정원이 그려 내는 겨울 풍경

시선을 차단하고 폐허정원으로 몰입할 수 있도록 도와준다. 그러나 낙엽수 특유의 유연함은 여백으로 배경을 투과시켜 정원이 단절되지 않도록 해 주고, 계절마다 꽃과 새순과 단풍을 만들어 정원을 풍성하게 채우는 것도 잊지 않는다.
정원 안에는 억새와 수크령, 기장 등이 넉넉하게 자리를 잡고 있다. 계절에 따라 아미속, 니포피아속, 자주천인국속, 리아트리스속, 마편초속, 해란초속 등이 꽃을 피우고, 겨울이 되면 몇몇은 남고 몇몇은 사라져 지난 계절을 떠올리게 한다. 해가 지는 저녁 무렵 빗물정원을 돌아 나오는 산책로를 따라 반대편에서 폐허정원을 바라다보면 두 개의 폐허정원이 길게 이어져 초원의 깊이를 더하고 마른 이삭 위로 반짝거리며 요동치는 빛은 우리를 더 먼 곳까지 데려다 준다.

겨울정원의 보석, 말채나무

1990년대만 해도 유럽의 겨울정원은
왜성 침엽수가 중심을 이루고 있었다.
다양한 침엽수의 재배품종들을 모아
정원을 푸르게 조성하는 것이 겨울정원의
핵심이었다. 그러나 상록수가 집중된
정원은 계절의 변화가 적고, 무거운
침엽수의 구조체가 바람과 빛에 따른
미세한 변화를 담아내지 못해 한계에
부딪혔다.
이제 사람들은 새로운 가치와 공간의
활용성을 찾아 겨울정원의 변화를
시도한다. 겨울이 지니는 본연의 가치를
추구하고 그 안에서 아름다움을 찾으려
한다. 가지의 선과 여백이 주는 울림,
갈색의 아름다움과 수피의 생명력, 땅으로
떨어지는 것과 땅을 뚫고 오르는 것의
의미를 정원에 담아 가고 있다.
겨울나무가 온몸으로 뿜어내는 색채는
겨울정원에서 가장 이색적인 경관이다.
색이 바랜 것들 속에서 선명하게

붉은말채나무 '미드윈터 파이어'의 가을(아래)과 겨울(위)

도드라지는 나무들의 수피는 낯설고 기묘하기까지 하다. 이 동화 같은 풍경은 사람을 들뜨게 하고 적당히 흥분시켜 준다. 겨울나무의 수피가 발산하는 색은 일종의 보호색으로 여겨지는데, 풀이 마르는 겨울 동안 초식동물에게 해를 입지 않기 위한 나름의 자구책으로 보인다. 보통 숲 가장자리나 초원에 서식하는 나무들에게 나타나고 어린 가지에 특히 집중된다. 말채나무는 겨울정원에서 가장 화려한 색을 보여 준다. 늦가을부터 단풍이 들기 시작해 겨울이 되면 한층 짙어진다. 노란색·주황색·붉은색 계열의 따뜻하고 화사한 색감은 온대지방의 겨울에서는 상상하기 어려운 화려함을 지닌다. 습지 가장자리나 물기가 많은 숲과 초원의 경계에 서식하는 말채나무는 겨울철 습도가 높아야 색이 선명하게 나온다. 그래서 제주의 습한 겨울철 날씨는 말채나무의 색을 또렷하게 해 준다. 말채나무는 단풍이 부족한 제주의 정원에서 선명한 겨울색을 그려 내는 역할도 한다.

말채나무는 가급적 모아 심어 가지의 선이
중첩되어 생기는 깊이감을 연출하면 좋다.
그러나 수벽을 만드는 것처럼 지나치게
가깝게 심으면 나무 형태가 제대로
도출되지 않아 답답한 경관이 될 수도 있다.
수피의 색은 어린 가지에 집중되기 때문에
가지치기를 해 주어 새 가지를 받아야
하는데 매년 강전정을 하게 되면 지난해
가지에서 피는 꽃을 볼 수 없으므로,
2~3년에 한 번씩 시행한다. 겨울색과
더불어 사계절 변화하는 말채나무의
모습을 떠올리며 계절의 균형감을
유지하는 것이 중요하다. 하부에는 상록성
초본이나 겨울에 개화하는 구근류 등을
심어 다층적인 식재 구조를 만들어 준다.
하층식물들이 말채나무 가지의 선과 색을
돋보이게 하고 풍성한 겨울의 감성을 즐길
수 있도록 도와준다.

↑ 흰말채나무 '케셀링기'
↓ 노랑말채나무 '플라비라메아'

베케의 말채나무

가나다순

노랑말채나무 '플라비라메아' *Cornus sericea* 'Flaviramea'

북미 원산 노랑말채나무*Cornus sericea*, 세리케아말채나무의 재배품종이다. 겨울에 붉은색을 띠지만 자연 상태에서 노란 줄기를 가진 변이종이 발견되어 재배되기 시작했다. 단독으로 모아 심기도 하고 붉은 계열의 말채나무 사이에서 색감을 조율하기도 한다. 설강화처럼 겨울에 꽃을 피우는 작은 구근류나 자색 잎이 오래 남아 있는 아주가 등과 함께 심으면 좋다. 잎은 녹색, 꽃과 열매는 흰색이다.

붉은말채나무 '미드윈터 파이어' *Cornus sanguinea* 'Midwinter Fire'

유럽과 서아시아 원산 붉은말채나무*Cornus sanguinea*의 재배품종이다. 잔가지가 길게 자라 가지의 선이 촘촘하게 겹쳐진다. 겨울이 되면 가지 아래쪽은 노란색으로, 끝으로 갈수록 붉은색으로 물이 든다. 나무 하나에서 그러데이션을 이루어 변화하는 색감이 인상적이다. 베케에서는 하부에 애기사초 '스노우라인'*Carex conica* 'Snowline'을 함께 심었다. 잎은 녹색, 꽃은 흰색, 열매는 흑색이다.

흰말채나무 '시비리카' *Cornus alba* 'Sibirica'

시베리아를 비롯한 동아시아에 서식하는 흰말채나무*Cornus alba*의 재배품종. 극한의 추위에서 눈밭을 뚫고 솟은 붉은 가지는 강인한 생명력을 증명한다. 어린 가지가 사방으로 곧게 뻗고, 겨울철 가지는 광택이 나는 선명한 붉은색으로 물이 든다. 사초류나 개맥문동 '긴류'*Liriope spicata* 'Gin-Ryu' 등을 하부에 심으면 색의 대비가 뚜렷해지고 공간이 다채로워진다. 잎은 녹색, 꽃과 열매는 흰색이다.

흰말채나무 '케셀링기' *Cornus alba* 'Kesselringii'

흰말채나무의 재배품종이다. 흰말채나무 '시비리카'의 선명한 붉은색과는 또 다른 매력의 짙은 흑자색 가지가 아름답다. 그라스의 마른 가지와도 은은하게 잘 어우러진다. 겨울에 잎이 푸르고 하얀 꽃을 피우는 헬레보루스속과 함께 심으면 어우림이 좋다. 잎은 녹색, 꽃과 열매는 흰색이다.

다시, 봄으로

겨울의 어느 날, 정원에서는 작은 변화가 일어난다. 주의 깊게 관찰하지 않으면 눈치채지 못할 만큼 아주 미세한 움직임이다. 그러나 매일같이 마른 잎을 정리하고 잡초를 뽑아내는 정원사들은 대번에 이 변화를 눈치챈다. 갯벌의 조개들이 숨구멍을 뚫어 놓은 듯이 은방울수선이 땅을 뚫고 돋아 나온다. 나팔수선화의 잎은 이미 한 뼘이나 자라 있다. 향기별꽃도 먼저 나온 식물 뒤에 숨어 차례를 기다린다. 수선화는 꽃으로 향기를 전하고 철없는 두해살이 식물들은 여기저기에서 꽃이 한창이다. 그러나 겨울의 정점에서 돋아난 이 작은 잎들은 유독 마음 깊은 곳을 건드리는 이상한 힘을 지니고 있다. 땅으로 솟은 잎은 아직 손가락보다도 작지만 다소 뭉툭한 초록의 실루엣은 오히려 단단하고 확고한 의지를 드러내 보인다. 이 작은 생명의 용기 있는 결단력은 머지않아 봄으로 증명될 것이다. 때를 기다려 잎을 펼치고 잊지 않고 꽃을 피우는 것은 너무나 당연한 일처럼 보인다. 하지만 정해진 때를 앞당기려 조급해하고, 해야 할 것들을 미루던 날들이 우리에게 얼마나 많았는지 되돌아보게 된다. 자연 앞에서 나를 들추고 되새기는 곳, 겨울 정원은 그렇게 깊어져 다시 봄에 가 닿을 것이다.

레티쿨라타붓꽃 '알리다'

↑ 크로커스 '크림 뷰티'
↓ 크로커스 '바스 퍼플'

Crocus tommasinianus
'Barr's Purple'

Part 2

베케의 아홉 정원

베케정원의
디자인 원리

베케를
이루고 있는
아홉 정원

베케정원의 디자인 원리

힘의 질서로 만들어지는 자연미

자연은 매우 복잡하지만 질서정연한 힘의 체계다. 사람이 살고 죽는 일도, 꽃이 피고 지는 일도, 빙하가 얼고 다시 녹아내리는 일도 모두 이 체계 안에서 이루어진다. 지구상의 모든 존재는 자연의 힘에 지배받으며 서로 얽혀 있고, 발길에 차여 구르는 작은 돌도 제멋대로 무질서하게 움직이는듯 보이지만 사실은 이 엄격한 질서 체계에 순응하는 과정 안에 있다. 인간도 이 체계 안에서 생명을 시작해 진화해 왔으며 본능적으로 이를 직감하며 살아간다.

자연의 힘이 균형점을 찾았을 때 우리는 안정된 상태를 만나게 된다. 안정된 상태는 사람에게 위험 요인이 없는 안전함을 보장해 주고 보편적이고 기본적인 단계의 정서적 편안함을 준다. 식생도 시간의 흐름에 따라 변화하며 점차 안정화되어 극상림으로 수렴해 간다. 치열하게 경쟁하며 자신의 지위를 탐하던 식물들은

극상림 단계에서 갈등을 이겨 내고 화합하듯 균형과 조화의 미덕을 보여 준다. 그러나 자연에는 안정된 상태만 존재하는 것은 아니다. 우주의 절대적 진리인 생성과 소멸의 순환 체계 안에서 안정은 늘 불안정과 운명처럼 짝을 지어 굴러간다. 다양한 힘의 상호작용 속에는 늘 교란이 함께하며 강력한 산불이나 화산폭발, 대규모 지각변동 같은 강한 힘의 변화는 그 영향권 내에 있는 많은 것들을 순식간에 불안정한 상태로 바꾸어 놓는다. 그리고 극단적으로 돌출된 힘의 변화는 그 자체로도 매우 흥미롭고 파격적이며, 이것이 다시 안정화되었을 때 우리는 새로운 종류의 아름다움을 접하게 된다. 자연은 힘의 질서로 만들어지는 자연미로 가득 차 있다. 잔잔한 물결과 넓은 들판이 주는 안정감, 오래된 숲에서 느껴지는 평온함, 깊은 계곡과 웅장한 산맥이 만들어 내는 장엄함 등은 모두 나름의 질서 안에서 고유의 형태와 분위기를 만들어 정원에 영감을 준다. 지형 변화가 적은 평지는 편안함을 주지만 변화가 크고 요소가 많은 공간은 역동적으로 다가온다. 그러나 지나친 변화는 자칫 불안감이나 두려움과 같은 감정을 불러일으켜 그 공간 안에 있는 사람의 마음을 불편하게 만들기도 한다.

숲속 식물은 부드럽고 차분한 인상을 주는 반면 경쟁이 치열한 양지의 식물들은 훨씬 야생적이고 동적인 분위기를 자아낸다. 정원을 계획할 때에는 정원에 담고 싶은 아름다움과 정서에 맞는 통일된 식생, 통일된 질서 체계를 찾아갈 필요가 있다. 식재 환경의 질서에 맞지 않는 식물은 생태적 문제와 만나게 되고 디자인적으로도 식물의 외형적 특성이나 성장방식 등이 이질적으로 느껴져 공간 안에서 어우러지지 못하고 공간의 분위기를 방해하는 요인으로 작용할 수 있으니 주의해야 한다. 특히 물리적인 힘이 많이 반영되는 지형을 조성할 때에는 가급적 과도한 성토·절토 흙을 덮고 땅을 깎는 것를 피하고 기존의 땅이 가지고 있는 자연의 질서에 부합하되 그 안에서 나름의 균형을 찾아가는 것이 중요하다.

힘의 질서에 따라 공간은 완전히 달라진다. 자연의 힘은
지형을 변화시키고 거기서 나타나는 식생의 형태와
특성도 조율한다.

점·선·면의 조화

자연을 이루는 모든 것은 점·선·면으로 구성된다. 대단히 복잡해 보이는 형태도 축약하고 단순화시키면 결국 점·선·면으로 귀결된다. 거대한 힘이 자연을 통제할 때 형태는 단순해지고, 여기에 균열과 파괴로 변화가 일어나면 무수한 점과 선이 생겨난다. 점과 선은 다시 안정화되는 과정을 거쳐 단순화되며, 자연은 작은 점이 모여 면이 되고 면이 다시 작은 점으로 순환하는 연속적 과정을 밟아 간다. 면은 안정감이 있지만 강력한 힘의 무게가 느껴진다. 점과 선은 변화를 나타내지만 적당한 리듬감과 깊이감을 주어 공간에 자연스러움을 담기도 한다. 지독한 추위, 강한 바람, 작열하는 태양, 거칠고 척박한 토양 같이 극강의 힘이 작용하는 고산지대나 해안가 식생은 놀랍도록 단순한 형태를 이룬다. 이곳은 식물이 생명의 끈을 붙들고 살아갈 수 있는 최후의 보루 같은 곳으로 지속적으로 작용하는 강한 힘 때문에 식생이 매우 단순하며, 도드라지게 돌출되는 것이 없고, 유사한 높이로 지면을 덮어 전체적으로 커다란 면을 이룬다. 면은 확고한 구조적인 안정감이 있지만, 그 강한 힘이 본능적으로 사람에게도 전달되어 자연스러운 정서적 편안함보다는 어떤 경외감 같은 감정을 불러일으킨다.

그러나 오름의 들판에서 느껴지는 감성은 조금 다르다. 여기서는 식물 개개의 힘이 발현되어 종의 구성이나 각각의 형태미도 훨씬 다채롭다. 점과 선이 조금씩 드러나고 단순화된 면에 비해 편안하고 자연스러운 느낌이 든다. 숲은 또 어떤가. 수직의 나무들이 강한 선을 만들어 내며 중심을 잡지만 두께와 거리가 다른 선의 중첩은 자연성을 높이고 하부 식물들의 형태는 다채로운 점과 선을 여유롭게 그려 내며 균형 잡힌 조화로움을 보여 준다.

공간에 점과 선이 더해질 때 우리는 훨씬 편안하고 자연스러움을 느낀다. 평면적인 공간에 깊이감이 더해지고 다양한 감정이 공간 안으로 스며든다. 겨울에 내리는 눈은

가는잎나래새가 그려 내는 유연한 선과 녹색 바탕
위로 피어난 오레곤개망초의 작은 꽃들이 만드는
무수한 점이 어우러져 공간에 깊이감을 더하고 아련한
분위기를 만들어 낸다.

무수한 점들이 서로 다른 위치로 떨어져 공간의 깊이와 유연성을 더하고, 빗줄기의 가늘고 수직적인 선의 중첩은 습한 기운과 함께 차분하고 쓸쓸한 정서를 동반한다. 식물은 형태적으로 점과 선이 풍부하다. 정원은 우리의 일상에서 다양한 점과 선을 만날 수 있는 최고의 공간이다. 겨울나무가 그려 내는 가지의 선과 겨울눈의 점이 대비되는 모습, 점이 되어 흩날리는 꽃잎과 낙엽, 그라스의 가늘고 부드러운 선과 숲의 나무들이 그려 내는 강직한 선의 중첩은 정원에 리듬감·깊이감·변화감을 더하는 것은 물론, 사람의 내면에 잠재되어 있는 무수한 정서를 불러일으킨다.

↑ 길게 늘어진 버드나무 '골든 네스'의 가지가 빗줄기 같은 선을 그려 낸다.

↑ 퍼너리 위로 눈이 내리면 수많은 점들이 서로의 위치를 드러내며 공간에 깊이감을 더한다.

↓ 식물은 다른 어떤 사물보다 점과 선이 풍부하며 계절에 따라 서로 다른 위치와 형태의 점과 선을 만들어 낸다.

빛과 어둠

우리는 빛을 통해 사물을 바라보고 공간을 인지한다. 빛의 각도와 세기에 따라 공간의 분위기는 달라진다. 빛과 어둠을 조율하면 평범하고 일상적인 공간도 새로워질 수 있다. 시시각각 정원으로 들어오는 빛도 모두 다르다. 하나의 정원에서 계절마다 무대를 바꾸는 빛의 연출력은 대단히 섬세하다. 하루 중에서는 아침과 저녁이 지면 가까이에 빛이 쏟아져 가장 찬란하고, 빛과 반대쪽에서 바라보는 역광은 그 효과가 극명하다.

빛을 등지고 있는 곳에는 늘 어둠이 함께한다. 빛이 강할수록 어둠은 짙어지고 그만큼 입체감과 깊이감도 커진다. 작은 정원도 어둠을 이용하면 공간이 훨씬 깊어져 확장되어 보이고 어둠의 정도를 조율해서 신비로운 공간 분위기를 만들어 내기도 한다. 어둠을 얻기 위해서는 나무 그늘이나 건축물, 함몰된 지형, 담장이나 덱deck 등의 구조물을 이용할 수 있다.

동서방향으로 이어진 이끼정원을 바라보는 남향 건물.
해를 등지고 있는 베케 돌담과 건물 안 선큰sunken
(땅을 파내어 만든, 주변보다 낮은 지형의 공간)은 어둠을
품고 이끼정원은 빛을 받아 무대의 주인공이 된다.

빗물정원을 지나는 목재 덱은 빛을 완전히 차단해
그 아래로 어둠을 만들어 낸다.

빛과 어둠에 따라 공간 분위기가 달라진다.

공간을 디자인할 때 형태나 배치와 더불어 빛과 어둠을 고민해야 한다. 어두운 곳에서 밝은 곳으로 혹은 그 반대로 옮아 가는 공간의 변화를 이용해 정원의 시퀀스를 형성하기도 한다.

정원의 모든 곳에는 빛과 어둠이 깃들어 있다. 그라스의 이삭 위에도, 숲의 나무들 사이에도, 돌담의 틈과 땅 위로 그려지는 그림자에도 빛과 어둠은 스며 있다. 어둠은 깊이감을 주며 공간에 상상력을 더하고, 어둠을 배경으로 빛이 들면 생명력과 활기가 넘쳐난다. 빛이 드는 초원이나 양지성 화단은 기쁨, 희망, 발랄함, 생동감 등 가볍고 밝은 분위기를 느낄 수 있게 하고, 어둠이 깃든 숲과 이끼정원은 차분하고 신비로운 분위기를 만들어 낸다. 적절한 어둠은 깊이감과 더불어 무한한 상상력을 발휘하게 하고, 내면으로 생각을 집중시켜 묵상이나 사색하기 좋은 공간 분위기를 연출하기도 한다.

빛은 조그만 틈새에도 스며든다. 켜켜이 쌓인 낙엽수나 그라스의 잎을 지나치며 투과되는 빛은 잎의 중첩에 따라 그 색조와 분위기가 완전히 달라진다. 그러나 상록수가 많은 정원은 빛을 차단해 어둡고 침울하기 쉽다. 형태와 질감이 단단한 상록수는 그 자체로도 다소 경직되어 보이고 짙고 단조로운 어둠을 만들어 정원 분위기를 무겁게 만들기도 한다. 나무를 심을 때 상록수는 가급적 배경으로 배치해 깊이감 있는 어둠을 연출하고, 정원 중심에는 낙엽수를 이용해 은은하고 변화감 있는 빛과 어둠을 조율하는 것이 좋다.

↑ 어둠을 품은 베케 돌담 앞 가는잎처녀고사리
사진_아티사

↓ 어둠이 짙게 드리운 이끼정원
사진_아티사

281

깊이감

깊이감이 없는 정원은 단조롭다. 정원 규모와 상관없이 깊이감이 있어야 호기심과 상상력을 자극하고 정원에 쉽게 몰입할 수 있게 한다. 깊이감이 느껴지는 정원을 만들려면 우선 정원을 감추는 기술이 필요하다. 정원 전체가 한눈에 보이지 않도록 계획하고 다음 공간의 존재를 암시는 하되 그것의 형태가 노출되지 않도록 구성해야 한다. 만약 면적이 작은 정원이라면 적당히 경계를 낮추거나 과감하게 비우는 것도 좋다. 외부 경관이 함께 어우러져야 정원이 훨씬 크고 깊어 보일 수 있다.

조화로운 구성과 비율도 중요하다. 경관에 따라 스케일에 변화를 주어야 한다. 공간 전체를 보지 않고 너무 작은 단위로 경관을 조각내지 않도록 유의해야 한다. 의미 없는 동선과 담장으로 지나치게 분할된 공간, 자연에서 볼 수 없는 기교가 넘치는 지형, 땅의 흐름을 읽지 못한 억지스러운 실개천, 빽빽하게 모아 심은 관목 군락 등은 모두 공간을 필요 이상으로 복잡하게 만들어 깊이감을 상실시키고 부자연스럽게 한다.

중첩은 작은 정원에서 깊이감을 주기 위한 매우 유용한 방법이다. 특히 식물의 줄기가 만들어 내는 수직적인 선의 중첩은 정원을 깊고 아득하게 만든다. 이때 선은 굵기와 간격이 다른 것이 좋고, 보는 방향에서 뒤로 갈수록 굵은 줄기에서 가는 줄기로 배치해야 효과적이다. 마지막 단계에서 어둠이 만들어지면 깊이감은 한껏 고조되어 극대화된다.

어둠은 가장 확실한 깊이감을 준다. 빛의 반대편에서 만들어지는 짙은 어둠은 공간을 가늠할 수 없게 만들어 무한의 확장성을 부여한다. 색이 짙은 상록수나 벤치, 덱, 돌담 같은 구조물들이 부분적으로 빛을 차단해 완벽한 어둠을 만들어 준다. 공간을 깊게 하려면 반드시 어둠을 디자인할 수 있어야 한다.

↑ 좁은 면적의 한계를
　극복하기 위해 돌담
　일부를 허물어
　담 너머 공간으로
　정원을 확장시켰다.
↑ 줄기가 여러 가닥으로
　올라오는 다간 수목은
　선의 중첩으로 공간에
　깊이를 더한다.
　몇 그루의 나무로도
　충분히 숲의 분위기를
　연출할 수 있다.
↓ 빗물정원 너머 위치한
　돌담과 목재 덱은 빛을
　차단해 어둠을 만들고,
　정원은 끝을 알 수
　없는 어둠으로 훨씬
　깊어 보인다.

'작은 것'을 생각한다

하늘을 찌를 듯한 거대한 노거수 앞에 서면 어떤 경외감 같은 것이 느껴진다. 그러나 정원에서 큰 나무에 집착하는 일은 어쩌면 부질없는 짓이다. 자연의 숲에서 만나는 거목은 분명 신비로움으로 다가오지만, 가지와 뿌리가 잘려 정원으로 옮겨진 나무는 그저 회복력이 느리고 적응이 더딘 쇠퇴기의 나무일 뿐이다. 신비감을 잃어버린 거목은 오히려 무겁고 거추장스러운 존재가 될 수도 있다.

사물의 크기는 상대적으로 인지된다. 공간의 규모와 구성하는 것들의 관계 속에서 달라질 수 있다. 더욱이 식물의 경우 크기가 고정적이지 않아서 실제로 개개의 크기보다 전체 공간에서 얼마나 어울릴 것인지가 더 중요하다. 작은 나무는 당장은 미숙하고 초라해 보여도 넘치는 생명력으로 환경에 적응하며 성장할 것이다. 게다가 어린나무는 병충해에 강하고 불리한 조건에서도 잘 견디며 그것을 스스로 개선하는 방법을 알고 있다. 또 기다림의 미학과 미래를 향한 기대감을 선사하며, 씨앗부터 키운 어린나무는 추억을 공유하는 삶의 동반자가 되기도 한다.

작지만 크게 다가오는 나무들도 있다. 오동나무, 가죽나무, 붉나무, 예덕나무 등이 그렇다. 이들은 물리적인 크기는 작지만 거수목이나 규모가 큰 시설물과 견주어도 초라해 보이지 않는다. 이들의 공통점은 극양수이며 속성수라는 점. 속성수는 성장이 빨라 줄기와 가지의 선이 굴곡 없이 시원하게 뻗고 잔가지가 없어 수관 내부에 여백이 많다. 여백은 사람의 시선을 나무 자체보다는 배경에 스며들게 해 전체 경관과 어우러진 모습으로 나무를 바라보게 한다. 속성수의 또 다른 특징은 기세다. 속성수는 태생적으로 안정보다는 경쟁 속에서 살아야 하는 치열한 운명을 지닌 생명이다. 이러한 생태적 특징이 나무 형태에 그대로 나타나 거침없이 뻗은 올곧은 가지마다 강한 힘이 느껴진다.

↑ 어린 생강나무도 공간 안에서 초라하거나 약해 보이지 않는다.

↓ 작은 모종을 심어 키운 예덕나무. 넓게 가지를 뻗어 내는 수형과 주변 공간과 맺는 관계가 나무를 작아 보이지 않게 만들어 준다.

시퀀스

공간의 시퀀스는 하나의 서사와 같다. 정원이 만들어 내는 분위기의 흐름에 따라 사람이 느끼는 감정도 달라진다. 동선을 따라 이동하며 바라보는 경관의 변화는 기대감을 주거나 혹은 예상치 못한 반전을 선사하며 몰입도를 높여 준다. 입구정원에서 이끼정원으로 이어지는 시퀀스는 명확하게 그것을 증명하고 있다. 정원은 하나의 길로 이어지고 그 중심에 건물이 들어차 공간을 구획한다. 건물로 진행되는 입구정원은 개방감 있는 평지로, 빛이 충분히 들어와 밝고 화사한 느낌을 준다. 화단에는 경쾌한 양지성 초화들이 계절마다 꽃을 피우고, 정원을 찾아온 사람들은 마음의 경계를 풀고 편안하게 걸음을 옮긴다. 그러나 건물과 가까워지면서 분위기는 달라진다. 낮은 돌담을 따라 돌아가면 벽으로 둘러싸인 좁은 길을 만나게 되고, 벽은 외부로 향하는 시선을 차단해 다음 공간에 대한 기대와 호기심을 높인다. 그리고 문을 열고 들어서는 순간 어둑한 실내 공간 안으로 유리창이 스크린처럼 펼쳐지고 그 너머로 오래된 숲을 연상시키는 베케 돌담과 이끼정원의 모습이 드러난다.

개방된 공간에서 닫힌 공간으로, 빛에서 어둠으로, 초원의 식생에서 숲의 식생으로 이어지는 정원의 변화는 무척이나 놀라운 경험을 선사한다. 그러나 이끼정원을 접한 이들이 느끼는 놀라움은 단순히 대비되는 두 경관이 나열되었다는 이유로 만들어지는 감정은 아니다. 불과 몇 미터 떨어지지 않은 두 정원 사이에 건축 디자인이 만들어 낸 미로 같은 통로가 있었기 때문에 가능한 일이다. 벽으로 시야가 차단된 좁은 길을 걸어가다 육중한 느낌의 문을 밀고 들어서는 과정이 적당한 불안과 호기심, 기대와 상상력을 고조시켜 준 덕분이다. 여기에 어둑한 실내 공간 속에서 유일하게 빛이 드는 커다란 유리창은 모든 감각을 정원으로 집중시켜 그 효과를 증폭시켜 준다.

좁은 공간에서 두 개의
벽면을 이용한 장면
전환을 시도해 극적인
시퀀스를 만들어 냈다.
사진_아티샤

자연을 마주하는 자세

우리는 오랫동안 자연을 잊고 살았다. 자연에서 나고 자랐으나 언제부터인가 자연을 소비의 대상으로 취급하는 무례와 오류를 범하고 있다. 자연을 우리의 삶과 멀리 떨어진 오지의 것으로 여기며 이 땅에서 함께 살아가는 생명을 배려하고 존중하지 않아 왔다. 무심코 화단에 들어가 이제 막 돋아나는 어린 생명을 짓밟는 일은 에티켓의 문제 이전에 자연을 마주하는 마음과 자세의 문제다.

베케 건물 내부에서 이끼정원을 바라보는 커다란 유리창 앞 외부 정원의 지면보다 낮게 위치해 있다. 카페의 효율성을 생각한다면 적절하지 않은 발상임에도 불구하고 건물 바닥을 굳이 내렸던 이유는 이곳에서 사람들이 자연과 눈을 맞추길 원했기 때문이다. 의자에 앉으면 사람의 몸은 땅보다 낮아지고 베케 돌담은 위에서 볼 때보다 훨씬 웅장하게 다가온다. 공간에 압도된 사람들의 시선은 자연스럽게 정원의 식물과 눈높이를 맞추게 되고, 일상에서 몸을 웅크려 유심히 땅에 돋은 식물을 본 적 없던 사람들에게 생경하고 낯선 그러나 신비롭고 따뜻한 경험을 선사한다.

낮은 자세로 자연을 바라보면 우리가 몰랐던 새로운 것들을 알게 된다. 식물 하나하나의 생김새가 눈에 들어오고 먹이를 찾아다니는 작은 곤충의 움직임도 살피게 된다. 우리가 지나쳤던 모든 곳에 생명이 깃들어 있음을 느끼게 되고 알지 못했을 때는 없었던 관심과 애정이 생겨난다. 이 작은 경험을 시작으로 누군가의 생각이 바뀌고 그들의 삶의 변화가 일어난다면 이것이 모여 결국 자연을 대하는 공동의 가치를 형성해 갈 수 있으리라 믿는다.

↑ 베케정원을 찾는 사람들은 조금씩 마음을 열고 몸을 낮추면서 자연을 마주하게 된다.

↓ 낮은 자세로 바라보면 우리가 지나쳤던 모든 곳에 생명이 깃들어 있음을 느낄 수 있다.

베개를
이루고 있는
아홉 정원

입구정원

정원은 낮은 땅에 터를 잡았다. 땅의 생김새가 원래 그러했고, 정원 조성에 영감을 주었던 베케 돌담을 고려한 배려이기도 했다. 먹색 콘크리트 건물은 땅에 박힌 것처럼 무겁게 내려앉은 모습으로 만들어졌고, 건물 외곽으로는 도로를 따라 좁은 화단이 성벽처럼 길게 이어졌다. 화단을 따라 걸어가다 보면 정원 입구가 나오는데, 입구정원은 이름 그대로 베케의 입구를 말하며, 도로부터 건물까지 이어지는 길과 그 주변 화단을 아우르는 공간을 의미한다.

정원은 두 개의 수평면이 단차를 두고 이어진다. 정원 중심에는 큰 나무가 없어 하늘이 그대로 열려 있고, 빛이 충분히 들어오는 화단에는 양지성 그라스와 여러해살이풀들이 계절마다 꽃을 피운다. 길과 단을 따라 분할된 몇 개의 화단은 유사한 식생 구조를 이루어 공간의 통일성을 확보하고 있는데, 주로 키 작은 그라스인 멜리니스 '사바나', 가는잎나래새, 코만스사초 '브론즈'Carex comans 'Bronze', 코만스사초 '프로스티드 컬스'Carex comans 'Frosted Curls', 모로위사초 '실크 태슬' 등을 우점종으로 심고, 그 사이로 오레곤개망초, 반들정향풀Amsonia illustris, 에린기움 '블루 호빗'Eryngium palnum 'Blue hobbit', 테네시 에키나시아 '로키 톱'Echinacea tennesseensis 'Rocky Top', 암대극, 큰꿩의비름Sedum spectabile 등이 산발적으로 뒤섞여 있다.

후면에는 키가 큰 유파토리움 '베이비 조' Eupatorium dubium 'Baby Joe', 페르시카리아 '파이어테일'Persicaria amplexicaulis 'Firetail', 밥티시아 아우스트랄리스Baptisia australis, 페로브스키아 아트리플리키폴리아Perovskia atriplicifolia, 러시안세이지 등이 소규모 군락을 이루며 배치되고, 전면으로는 백리향 등이 바탕으로 식재되어 안정적인 구조를 이룬다. 카펫처럼 깔린 백리향 사이로 크라스페디아 글로보사, 로단테뭄속 식물 등의 은녹색 식물들이 돋아나고, 사초 군락과 함께 섞어 심은 향기별꽃이나 무스카리속 식물 같은 구근류는

↑ 베케 건물과 도로변 화단

↓ 초여름의 입구정원

↑ 가을의 입구정원
↓ 등나무 '로열 퍼플'과 산뚝사초

늦겨울부터 초봄까지 화단을 장식한다. 식물들은 전반적으로 경쾌하고 화사하며 밝은 기운으로 정원에 들어서는 사람들을 맞이한다.

건물로 들어서는 입구에는 건물과 같은 재질의 육중한 콘크리트 벽이 서 있다. 하부에는 선이 크고 유연한 산뚝사초를 배치해 벽면의 강인한 힘을 중화시키고, 등나무 '로열 퍼플'Wisteria floribunda 'Royal Purple'을 이용한 에스팔리어espalier를 만들어 수평으로 뻗는 가지의 모양새를 잡아 가는 중이다. 등나무는 성장이 빠르고 꽃과 단풍이 좋아 계절감을 강하게 느낄 수 있게 해 준다는 장점도 있지만, 시간이 흐르며 자연스럽게 굵어지는 줄기의 힘이 강한 벽면과 균형을 유지할 수 있어서 선택되었다.

벽면 앞으로는 베케를 닮은 낮은 돌담을 쌓아 일종의 돌담정원wall garden을 조성했다. 흙과 함께 쌓아 올려진 돌 틈으로 큰꿩의비름, 백리향, 돌단풍, 동강할미꽃 Pulsatilla tongkangensis, 연화바위솔Orostachys iwarenge 같은 내한성이 좋은 다육식물과 저지대 적응력이 뛰어난 고산식물이 자라고 있다. 그러나 장기적으로는 바위수국을 유도해 돌담 전체가 하나의 질감으로 단순화되기를 기다리고 있다.

↑ 로단테뭄속 식물
↓ 중국단풍 '하나치루 사토'와 니포피아속 식물

↑ 멜리니스 '사바나'
↑ 유파토리움 '베이비 조'와 오레곤개망초
↓ 백리향을 배경으로 돋아난 화단의 식물들

입구정원 — 동

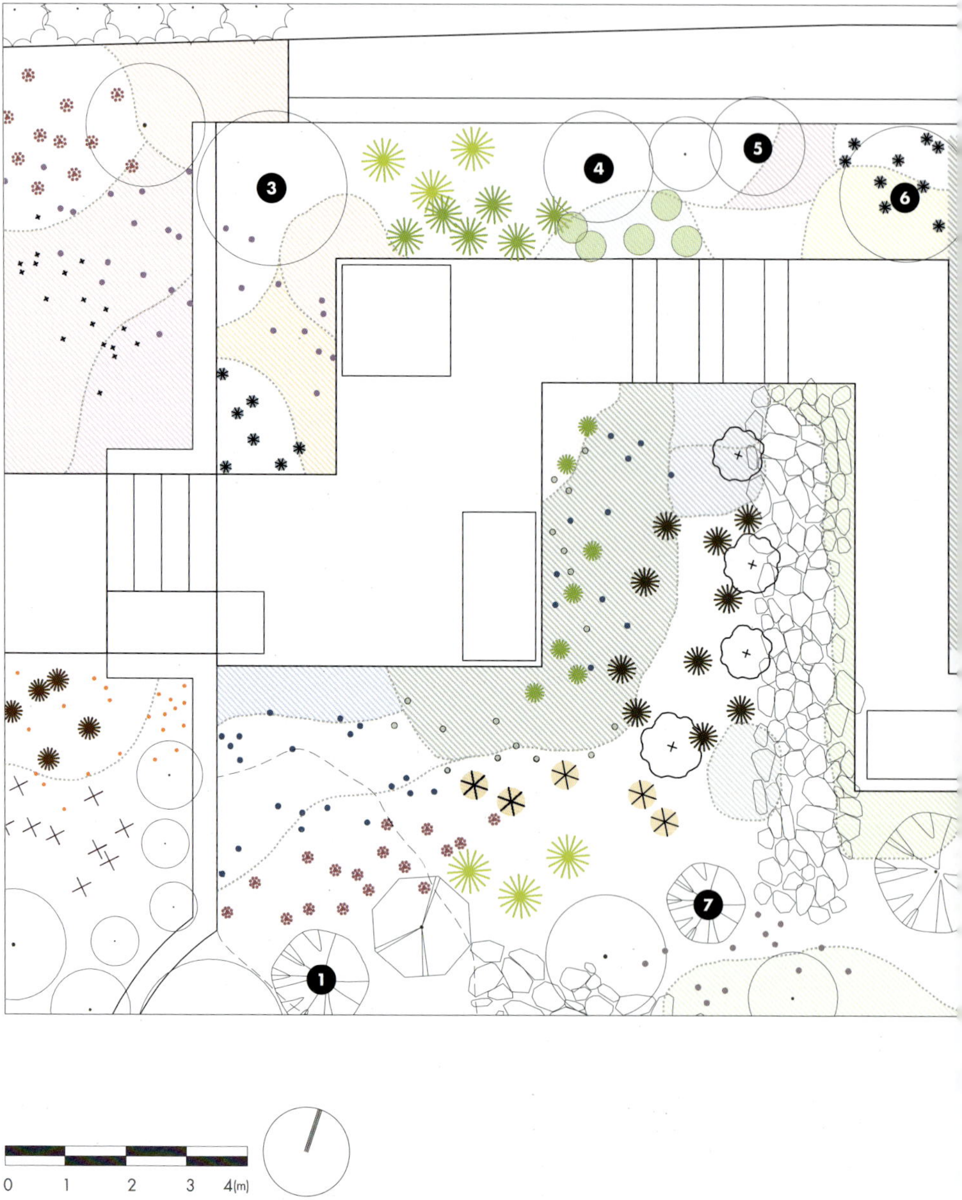

298

❶ 비늘낙우송 '누탄스'
❷ 노각나무
❸ 버드나무 '골든 윈터'
❹ 배롱나무 (재배품종)
❺ 칼미아
❻ 중국복자기
❼ 만병초 '야쿠 엔젤'

- 흰말채나무 '아우레아'
- 유파토리움 '베이비 조'
- 모로위사초 '실크 태설'
- 밥티시아 아우스트랄리스
- 프라겔리페라사초
- 솔정향풀
- 스키자키리움 '재즈'
- 암대극
- 반들정향풀
- 튤립 '푸리시마'
- 플록스 '유니크 화이트'
- 비비추속 식물(호스타)
- 꼬랑사초
- 풍지초 '아우레올라'
- 대상화
- 바위수국속 식물
- 밥티시아 아우스트랄리스
- 산뚝사초
- 서양톱풀 (재배품종)
- 세둠 '다즐베리'
- 솔잎금계국 '자그레브'
- 모로위사초 '실크 태설'
- 참취속 식물(아스터)
- 오레곤개망초
- 무늬지리대사초
- 흰꽃나도사프란

학명은 베케정원 식물 목록 376쪽 참조

입구정원 — 서

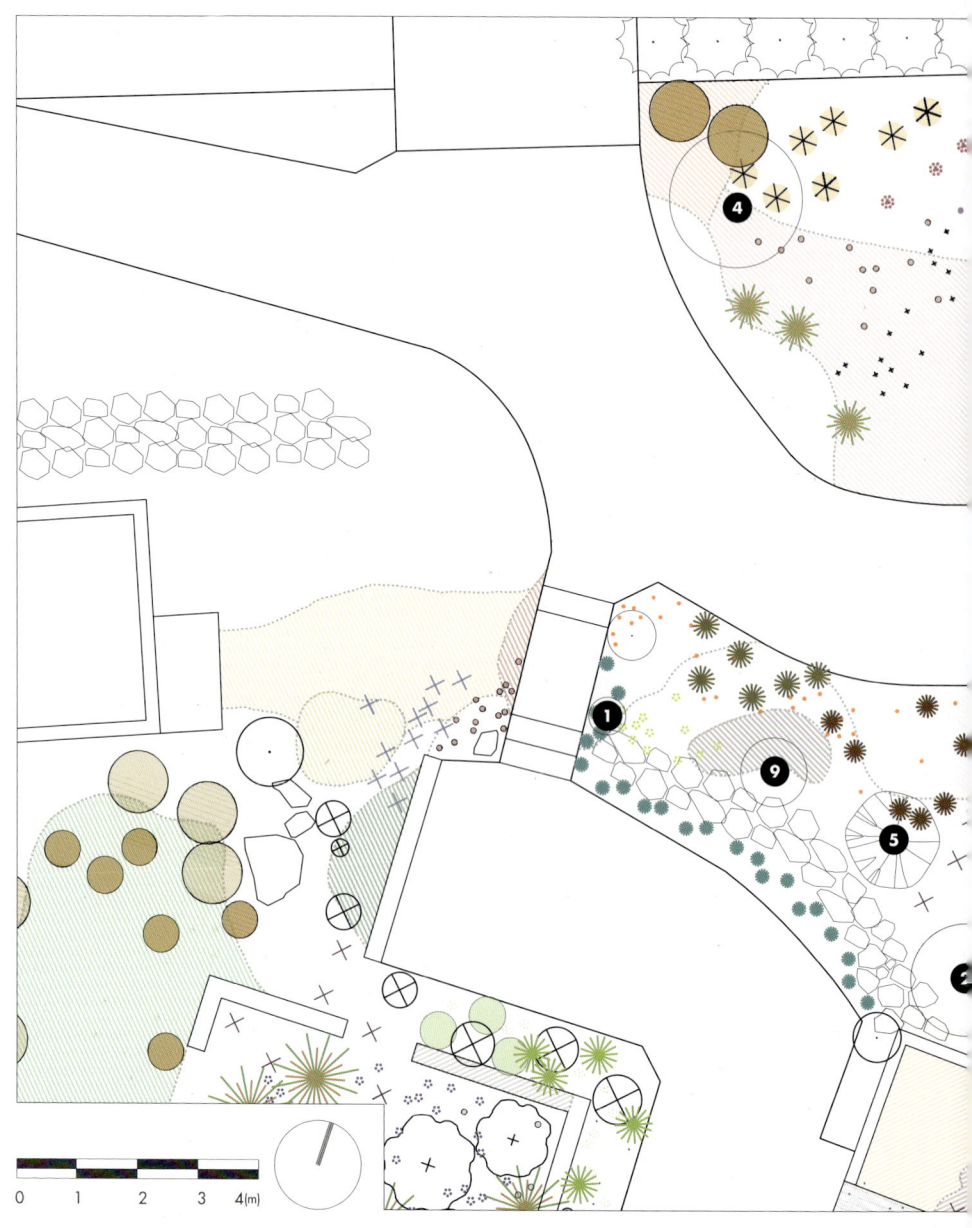

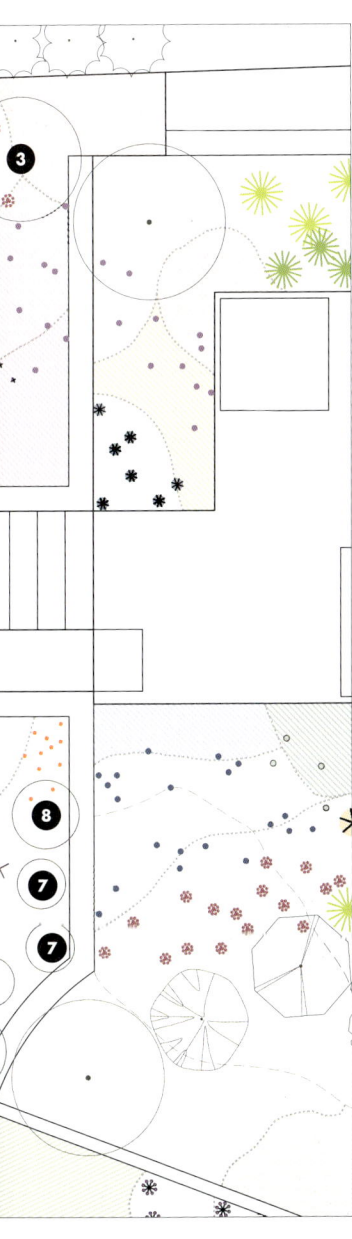

❶ 은청가문비나무	❻ 애기동백나무
❷ 느릅나무(재배품종)	❼ 일본매자나무
❸ 산딸나무(재배품종)	(재배품종)
❹ 무늬층층나무	❽ 일본조팝나무
❺ 만병초	'골드플레임'
'아나 크루시케'	❾ 풍년화속 식물

- 유파토리움 '베이비 조'
- 리아트리스속 식물
- 밥티시아 아우스트랄리스
- 수크령 '리틀 버니'
- 스키자키리움 '재즈'
- 가는잎나래새
- 아가판서스속 식물
- 푸밀라붓꽃 '브라시'
- 에린기움 '블루 호빗'
- 테네시 에키나시아 '로키 톱'
- 블루페스큐(은사초)
- 코만스사초 '브론즈'
- 코만스사초 '프로스티드 컬스'
- 크라스페디아 글로보사
- 글라디올러스속 식물
- 대상화
- 페로브스키아 아트리플리키폴리아(러시안세이지)
- 멜리니스 '사바나'(루비그라스)
- 서양톱풀(재배 품종)
- 오레곤개망초
- 큰꿩의비름 '오텀 조이'
- 기장속 식물(파니쿰)
- 페르시카리아 '파이어테일'

이끼정원

이끼정원은 오래된 숲의 경관을 담아낸다. 중첩된 솔비나무 가지는 공간에 깊이를 더하고 투박한 돌담 위의 이끼들은 시간에 깊이를 더해 준다. 커다란 유리창 앞에 몸을 낮추어 앉으면 베케 돌담은 더욱 웅장하게 솟아오르고, 땅 위의 작은 생명들은 생생하게 모습을 드러내며 사람들과 눈을 맞춘다.

이곳은 우연히 만난 이끼투성이 베케 돌담이 정원으로 확장된 공간이다. 이끼를 기반으로 선이 좋은 나무를 심고 땅의 흐름을 세심하게 조절하며 정원을 만들었다. 그러나 폭이 좁은 부지 안에 건물을 짓고 정원을 만드는 일은 생각보다 어려운 도전이었다. 부지의 정면을 가로막고 있는 베케 돌담은 공간을 더욱 협소하게 만드는 방해 요인이 되기도 했다. 그러나 이 무모한 도전은 공간에 깊이감을 준다는 것은 어떤 의미인가, 무수한 질문을 하게 만들어 주었고 그 해답을 찾아가는

과정에서 우리는 정원을 바라보는 새로운 시각을 얻을 수 있었다.

건축가와 협의를 해서 가장 먼저 유리창

각도를 틀었다. 건물 내부에서 향하는
시선을 베케 돌담 정면이 아니라 담이
길게 이어지는 방향으로 유도한 것이다.

공사가 진행되고 있던
2018년 겨울, 눈 내린
이끼정원의 풍경

또 부분적으로 베케 돌담의 높이를 낮추고 담의 일부를 허물어 그 너머 공간으로 시야를 확장시켰다. 돌담과 건물 사이의 땅은 유연하게 흘러 면의 중첩이 이루어지게 하고 움푹 들어간 빗물정원으로 이어져 시각적 깊이를 만들었다. 물이 모이는 빗물정원의 지면은 바닥을 감추어 그 규모를 헤아리지 못하도록 했고, 빗물정원 상부에 목재 덱을 깔아 빛을 차단하고 어둠이 들어차게 해 공감각적 깊이를 더했다.

목재 덱 주변으로는 솔비나무, 쪽동백나무, 노각나무, 사람주나무, 덜꿩나무, 새비나무 등의 낙엽수를 심었다. 높낮이가 다른 다간multi-stem 수목은 서로 다른 식재 간격으로 만들어지는 리듬감과 중첩으로 입체적인 경관의 틀을 형성해 주었다. 덕분에 내부에서뿐만 아니라 건물 외부를 이동하며 줄기 사이로 바라보는 경관의 변화가 한층 다채로워질 수 있었다. 베케 돌담을 뒤덮고 있던 이끼는 정원 조성 과정에서 변화된 환경 조건에 맞게 조금씩 그 종류와 위치를 바꾸어 가고 있다. 돌 틈으로는 새롭게 나도히초미를 중심으로 양치식물의 어린싹이 돋아 나오고, 이끼면 위로는 단풍매화헐떡이풀Tiarella cordifolia과 자란, 사람주나무 등이 씨앗을 퍼트려 순을 올리고 있다.

이끼는 다른 어떤 식물보다도 작고 조밀하다. 땅에 바짝 붙어 촘촘히 모여 나는 이끼는 땅의 형태를 가장 사실적으로 드러낸다. 이끼정원을 조성할 때에는 세심하게 땅의 형태를 만들어야 하고, 선과 여백의 미가 중요한 수묵화처럼 단순하면서도 절제된 공간을 연출해야 한다. 나무는 수형이 단정하고 선이 좋은 낙엽수를 심고, 초본은 경쟁적으로 성장하지 않는 숲그늘의 식물 중에서 신중하게 선정해 이용하는 것이 좋다. 베케의 경우 돌담 하부와 낮아지는 사면을 따라 석창포 '마사무네', 나도히초미, 가는잎처녀고사리, 윤판나물아재비, 홀아비꽃대Chloranthus japonicus, 단풍매화헐떡이풀 등을 제한적으로 소량씩 식재했다.

↑ 베케 돌담의 이끼와 양치식물
↑ 조성 초기 위에서 내려다본 베케 돌담과 이끼정원
↓ 조성 후 2년이 지난 이끼정원의 가을 풍경. 식물은 안정적으로 자리를 잡았고 나무도 그동안 꽤 성장했다.

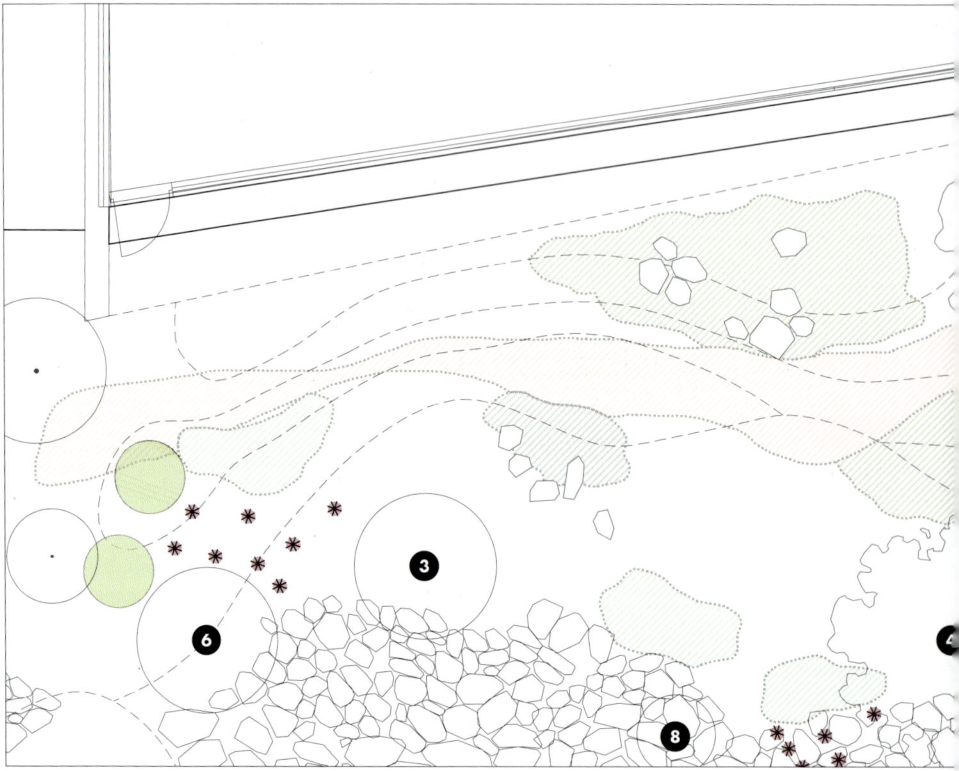

이끼정원·빗물정원

- ❶ 노각나무
- ❷ 단풍나무
- ❸ 사람주나무
- ❹ 솔비나무
- ❺ 쪽동백나무
- ❻ 중국복자기
- ❼ 검양옻나무
- ❽ 단풍철쭉
- ❾ 덜꿩나무
- ❿ 산수국
- ⓫ 섬노린재나무

- 꼬랑사초
- 나도히초미
- 눈개승마
- 모로위사초 '아이스댄스'
- 부처꽃
- 왜승마
- 자란
- 줄사초
- 한라부추
- 비비추속 식물(호스타)
- 비비추 '프레그런트 부케'

- 가는잎처녀고사리
- 눈여뀌바늘
- 돌단풍
- 석창포 '마사무네'
- 섬잔고사리
- 앵초

- 일색고사리
- 전주물꼬리풀
- 반들정향풀
- 제비꼬리고사리
- 좀골무꽃
- 청나래고사리

0 1 2 3 4(m)

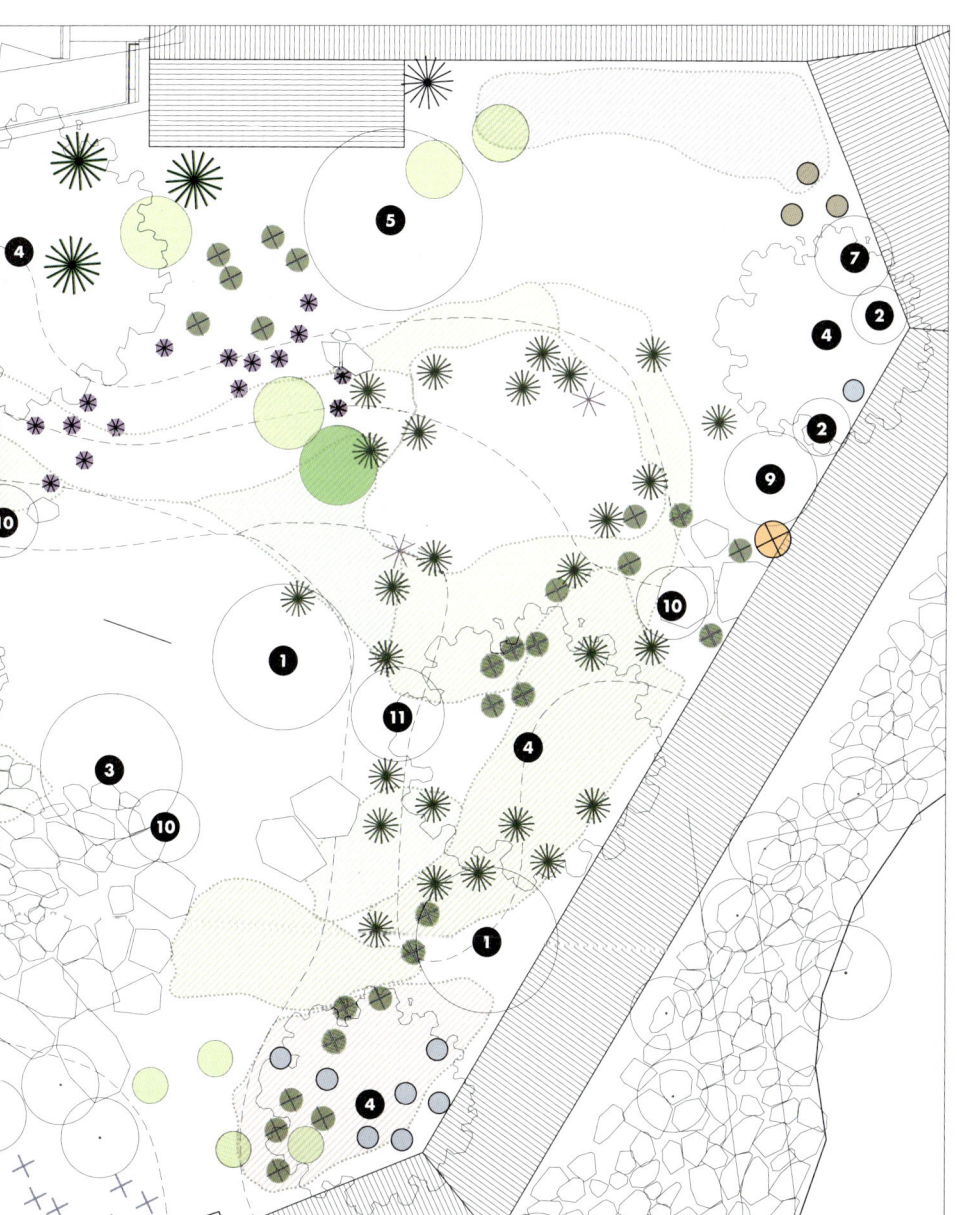

빗물정원

빗물정원은 주변에서 유입된 물을 일시적으로 담아 두기 위한 일종의 저류지 같은 공간이다. 도로보다 낮은 지형에 건물을 지어야 했기 때문에 집중 강우가 찾아왔을 때 빗물을 처리하는 방법을 많이 고민했다. 그래서 지형을 이용해 물의 흐름을 유도하고 서서히 자연지반으로 침투시키는 빗물정원을 계획하게 되었다. 빗물정원은 비가 올 때만 일시적으로 조성되는 간헐적 습지로 물이 고이면 연못 같은 수경관을 이룬다. 그리고 물이 빠지면 자연의 습초지 같은 야생성이 넘치는 분위기를 조성해 정원의 분위기를 새롭게 변화시킨다.

빗물정원은 물이 건축물 안으로 역류하지 않도록 건축물보다 지형을 낮게 조성했다. 또 기존 농장의 물길과 연계해 물이 넘치면 자연스럽게 물길로 빠질 수 있도록 유도했다. 그러나 작은 정원에서 가능한 빗물정원의 면적은 한계가 있었고, 비가 많이 오는 제주에서 순간적으로 모이는 빗물을 감당할 수 있을지 의문이 들기도 했다. 다행히 정원을 조성하는 과정에서 숨골빗물이 지하로 들어가는 구멍을 이르는 제주어로 화산지형에서 나타난다을 찾아냈는데, 많은 양의 물도 쉽게 빠져나가는 거대한 자연 배수로가 되어 주었다.

일시적이기는 하지만 물이 자주 고이고,

이끼정원을 유지하기 위해 매일 안개분수를 가동하기 때문에 빗물정원의 토양은 늘 축축하게 젖어 있다. 오름의 분화구도 일종의 빗물정원 같은 형태를 보이는데, 비가 오면 분화구 바닥에는 한동안 물이 고여 상대적으로 배수가 빠르게 진행되는 분화구 사면과는 식물의 분포가 달라지는 것을 볼 수 있다.

빗물정원의 호습식물.
눈여뀌바늘, 아침이슬,
꼬랑사초, 청나래고사리,
제비꼬리고사리, 산수국

↑ 위에서 본 빗물정원
↓ 비가 내리면 빗물정원에 물이 고이기 시작한다.
　빗물정원의 청나래고사리와 꼬랑사초

↑ 물을 좋아하는 제비꼬리고사리와 꼬랑사초.
↓ 빗물정원의 식물들. 사면 깊이에 따라 분포하는 식물이 달라진다.

빗물정원에도 사면의 깊이에 따라 물을 좋아하는 정도가 다른 여러 종류의 호습식물을 배치했는데, 물이 가장 늦게까지 남아 있는 빗물정원의 바닥은 눈여뀌바늘을 바탕으로 꼬랑사초와 청나래고사리가 우점하고, 그 사이로 한라부추, 일본앵초 Primula japonica 등이 부분적으로 산재해 있다. 사면에는 제비꼬리고사리가 군락을 이루고, 곰취 Ligularia fischeri와 앵초 Primula sieboldii가 드문드문 존재한다. 그리고 물이 제일 먼저 빠지는 빗물정원 위쪽에는 나도히초미, 산수국, 비비추속, 노루오줌속 식물 등이 자란다. 솔비나무는 이끼정원과 빗물정원의 중심 수목이다. 제주에 자생하는 솔비나무는 물이 고이는 오름이나 습지 가장자리에 주로 서식한다. 물이 나타나면 제일 먼저 들어가는 수종으로 제주에서는 습지를 증명해 주는 일종의 지표식물 역할을 한다. 일반적인 토양에서도 잘 자라지만 연못 가장자리나 습초지에 심기에 적합하고, 가지의 선과 꽃, 새순이 모두 아름다워 정원 수목으로 매우 유용하다.

312

빗물정원

교목
1. 쪽동백나무
2. 노각나무
3. 섬노린재나무

여러해살이풀
4. 꼬랑사초
5. 비비추속 식물(호스타)

양치식물
6. 청나래고사리
7. 나도히초미
8. 제비꼬리고사리

퍼너리

건물 후문을 나서면 제일 먼저 옥상으로 올라가는 계단을 마주하게 된다. 계단은 높이와 방향을 달리하며 이어져 위치마다 서로 다른 시점을 제공한다. 정원은 시점에 따라 새로운 모습을 보여 주며 또 다른 방식으로 규모의 한계를 벗어난다. 계단 하부 공간은 퍼너리fernery를 이룬다. 퍼너리는 '고사리가 사는 집'으로 다양한 양치식물을 수집하여 전시하는 공간을 의미한다. 가로세로 약 6×3미터 정도의 아주 작은 정원이지만, 벽면을 이용한 수직정원이 공간의 식재 면적을 넓혀 주고, 주변 경관을 적당히 차단해 정원 내부로 집중시킨다. 시야의 확장보다는 몰입을 유도해 깊이감을 만들어 낸다. 더불어 벽면으로 바람과 직사광선을 막고 공중습도를 높여 식물의 안정적인 서식 기반 조성에 도움을 준다.

퍼너리 벽면과 하부 화단에는 약 50여 종의 양치식물과 그늘식물이 식재되어 있다. 상부가 뚫려 있는 화단 양 끝에는 사람주나무와 산딸나무가 서 있는데, 나무는 햇빛을 막아 하부 공간에 부드러운 그늘을 만들어 주고 새순과 꽃, 단풍을 드러내며 초록으로 뒤덮인 공간 안에 계절감을 부여한다. 나무가 조금 더 자라면 계단 위로 가지를 뻗어 옥상으로 오르는 길에 숲의 경관을 담아 줄 것이다.

퍼너리 벽면은 착생고사리가 중심이 된 수직정원을 이루고 있다. 돌담고사리Asplenium sarelii, 반쪽고사리Pteris dispar, 주름고사리Diplazium wichurae, 설설고사리, 바위고사리, 고란초Crypsinus hastatus, 손고비Leptochilus elliptica, 봉의꼬리Pteris multifida, 석위Pyrrosia lingua, 도깨비쇠고비Cyrtomium falcatum 등이 벽면을 가득 채운다. 지면에는 형태가 큰 관중Dryopteris crassirhizoma, 파초일엽, 청나래고사리, 큰천남성 등이 풍성하게 땅을 덮고 한라사초Carex erythrobasis, 아주가, 휴케라 'XXL'Heuchera 'XXL', 흑룡Ophiopogon planiscapus 'Nigrescens', 산호수Ardisia pusilla 등이 함께 어우러져 대비와 조화를 반복하며

↑ 퍼너리 조성 당시의 모습
↑ 겨울철 고사리가 사는 집 '퍼너리'의 모습
↓ 위에서 내려다본 퍼너리. 중앙에 파초일엽이 보인다.
↓ 파초일엽, 선바위고사리 *Onychium japonicum*, 큰천남성, 청나래고사리

↑ 물방울풀 *Soleirolia soleirolii*(천사의눈물)과 도깨비고비   ↓ 개고사리, 휴케라 'XXL', 아주가

↑ 반쪽고사리

↓ 손고비

세부 경관을 형성한다.

벽면은 곶자왈 돌이라 불리는 크고 작은 제주석을 붙여 만들었다. 구조적인 안정성을 유지하면서 돌 틈에 식재 공간을 만들어 내는 작업은 생각보다 시간과 공이 많이 요구되는 섬세한 작업이다. 벽면 상부에는 수분 공급을 위한 미스트를 설치하고 돌 틈으로는 착생고사리를 심었는데, 양치식물을 심을 때에는 물에 충분히 적신 수태로 식물 뿌리를 감싸 돌 틈으로 밀어 넣고, 돌 틈에 여백이 생기지 않도록 꼼꼼하게 수태를 채워 주는 것이 중요하다. 현재 대부분의 양치식물들은 안정적으로 뿌리를 내려 살아가고 있으며, 조성 후 얼마 지나지 않아 양치식물들의 포자가 스스로 발아하며 벽면 피복률이 높아지고 있다.

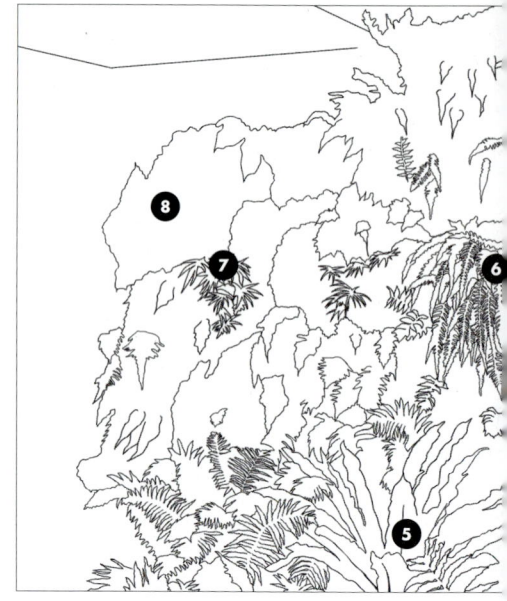

퍼너리

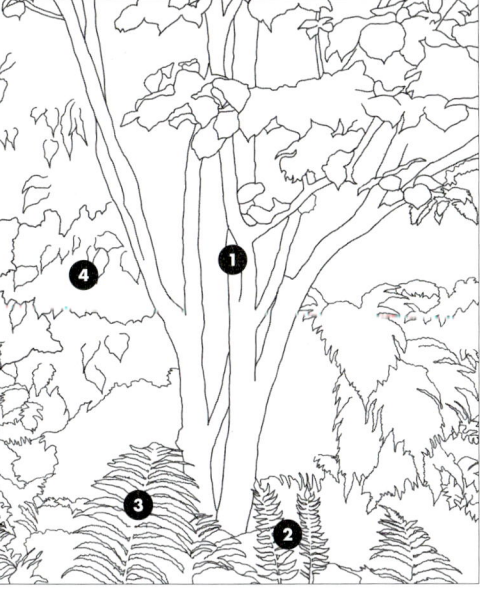

교목
1. 산딸나무
   '미스 사토미'

양치식물
2. 도깨비쇠고비
3. 청나래고사리
4. 나도히초미
5. 파초일엽
6. 설설고사리
7. 손고비

여러해살이풀
8. 물방울풀(천사의눈물)

위에서 내려다본 퍼너리의 모습

낙우송정원

빗물정원의 목제 덱을 따라 걸어가다 보면 베케 돌담 너머로 넓은 정원이 나온다. 멀리 나뭇길의 수벽은 배경이 되어 깊이감을 더하고, 정원은 산책로로 구분되는 몇 개의 화단으로 어우러진다. 다양한 식물들이 가득한 화단 끝자락에는 키가 큰 낙우송 두 그루가 부드러운 그늘을 만들어 벤치에 앉은 사람들에게 휴식을 선사한다.

낙우송정원 곳곳에는 오래전부터 키워 온 목련과 만병초가 그대로 남아 있다. 큰 나무들은 자리를 옮길 경우 스트레스를 많이 받기 때문에 가급적 기존 위치를 유지한 채 정원을 만들었다. 화단의 틀도 큰 변화 없이 기존 화단을 통합하는 정도에서 마무리했다. 새로운 계획으로 만들어지는 공간의 가치보다 오랫동안 농장에서 함께 해 온 식물들을 배려하는 것이 우선이었다. 기존의 식물과 새로운 식물이 뒤섞여 아직은 정리되지 못한 부분이 좀 있지만, 시간을 두고 천천히 정원의 모습은 바뀌어 갈 것이다.

낙우송정원은 크게 그늘정원과 나무의 빈도가 낮은 양지로 구분된다. 그늘정원은 베케정원의 경계를 따라 이어지고 목련과 오래된 만병초가 중심을 이룬다. 만병초 '폰티약'의 경우 15년 성장 과정을 거치면서 엄청난 규모감을 드러내고, 둥근 수형과 단단한 청록색 잎은 주변을 압도하는 거대한 힘을 뿜어낸다.

그늘정원에는 수국속, 비비추속, 풍지초속, 노루오줌속, 바람꽃속*Anemone* 등의 반음지성 관목과 여러해살이풀, 청나래고사리, 나도히초미 같은 양치식물 그리고 층실사초, 꼬랑사초 등의 사초속 식물이 사계절을 풍성하게 채우고 있다. 이른 봄에는 은방울수선, 레티큘라타붓꽃 등의 구근류가 꽃을 피워 가장 먼저 봄을 알리는 곳이기도 하다.

빛이 드는 양지에는 폐허정원과 유사한 느낌의 그라스를 중심으로 한 초지형 식생이 이어진다. 산새풀속, 수크령속*Pennisetum*, 기장속*Panicum*,

2007년에 어린 낙우송 모종을 심었다. 크게 자란 나무는 봄이 되면 넓은 그늘을 만들어 나무 아래로 사람들을 불러 모은다.

진퍼리새속, 쥐꼬리새속 Muhlenbergia 같은 중대형 그라스가 배경을 잡거나 중심을 유지하고, 프라겔리페라사초, 테스타세아사초 '프레리 파이어' Carex testacea 'Prairie Fire' 같은 양지성 사초들이 배암차즈기속, 참취속, 자주천인국속, 배초향속 등과 어우러져 넓게 펼쳐진다. 기생초속, 층꽃나무속 Caryopteris, 아가판서스속, 정향풀속, 모나르다속, 석잠풀속 Stachys, 붓꽃속 Iris 등은 소군락으로 군식되어 화단 가장자리나 모퉁이에서 안정된 구조감을 형성해 주고 백리향, 필라 노디플로라 Phyla nodiflora, 좀골무꽃 Scutellaria indica var. parvifolia, 아주가 같은 키 작은 식물들이 화단의 전면에 낮게 깔려 바탕이 되어 준다.

↑ 낙우송정원에는 오래된 목련과 만병초가 중심 골격을 이루고 있다.

↑ 낙우송정원의 봄. 낙엽수의 새잎이 돋아 나온다. 층실사초도 마른 잎 사이로 새잎이 부쩍 자랐다.

↓ 낙우송정원의 봄. 만병초 새순이 돋아나고 화단 식물들도 꽃을 피운다.

↑ 낙우송정원의 여름. 잎이 우거지고 화단이
풍성해진다. 가는잎나래새는 휴면을 준비하고
해가 드는 양지에는 꽃이 한창이다.

↓ 가을이 오면 낙우송은 낙엽을 떨구고 화단에는
핑크뮬리가 꽃을 피운다. 메리골드와 쑥부쟁이 같은
가을꽃이 피어나 그라스와 어우러진다.

326

낙우송정원 1

교목
1. 낙우송
2. 목련 '조 맥다니엘'

여러해살이풀
3. 주황배초향 '나바호 선셋'
4. 프라겔리페라사초
5. 큰꿩의비름 '오텀 조이'
6. 큰개기장 '헤비 메탈'
7. 자주천인국속 식물 (에키나시아)
8. 털쥐꼬리새(핑크뮬리)
9. 버들마편초

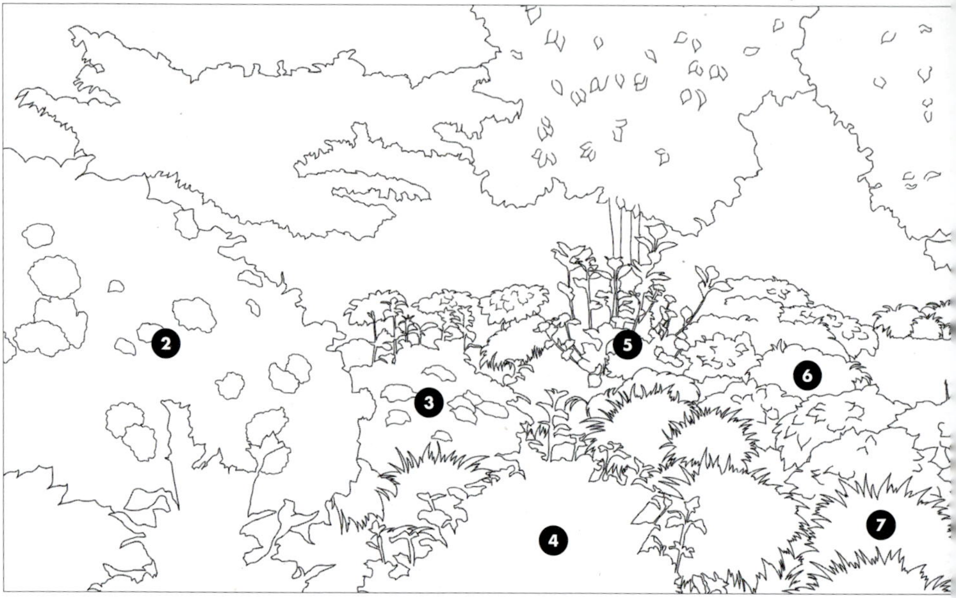

328

낙우송정원 2

교목
1. 목련 '스펙트럼'

관목
2. 수국속 식물
3. 산수국
4. 월계분꽃나무
5. 수국 '니그라'

여러해살이풀
6. 풍지초 '아우레올라'
7. 꼬랑사초
8. 비비추 '블루 카뎃'

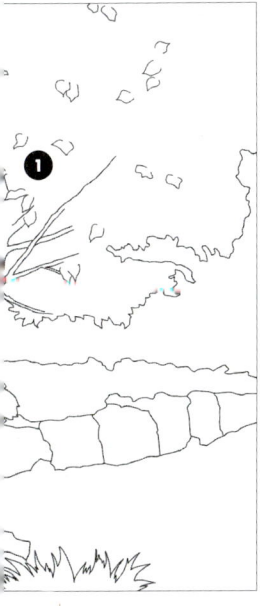

베케 정원 조성 당시 눈 내린 낙우송정원의 모습

두 개의 폐허정원

빗물정원을 나와 낙우송정원의 산책로를 따라 천천히 걸어가다 보면 얼마 지나지 않아 낯선 모습의 정원과 마주하게 된다. 부서진 콘크리트 구조물과 뒤틀린 철골이 뒤섞인 공간에 억새와 들꽃들이 어우러진 두 개의 정원이 자리 잡고 있다. 이름도 생경한 폐허정원. 그러나 쇠락한 문명 위에도 다시 풀이 자라고 꽃이 피듯이 정원은 지구의 모든 공간이 자연 안에 있음을 극명하게 보여 준다. 폐허는 낡은 것, 무너진 것, 방치된 것을 뜻하지만 그 안에 품은 오랜 시간과 날 서지 않은 묵은 것의 분위기는 또 다른 종류의 낭만을 불러일으키며 우리를 매료시킨다. 동쪽에 있는 폐허정원은 오래전 베케정원이 과수원이던 시절 감귤을 보관하던 창고였다. 낡은 창고는 과수원이 조경수 농장이 되었을 때도 여전히 농장의 잡다한 살림살이를 보관하는 용도로 이용되었다. 그러나 농장이 다시 정원이

333

위에서 본 겨울철 폐허정원

사진_KBS제주

되었을 때는 과거 무허가로 지어졌던 창고를 유지할 수 없어 철거해야만 하는 상황을 맞이했다. 이 땅이 간직해 온 다양한 쓰임새의 흔적을 남겨 두고 싶은 마음에 창고 바닥과 일부 벽체를 유지한 채 그곳에 정원을 만들기로 했다.

부서진 창고의 흔적 위로는 초원의 전경이 담겼다. 초원의 야생성과 폐허의 낡고 거친 느낌은 꽤 어울려 보이기도 했다. 폐허의 땅이 기름질 리 없으니 초지의 식생과도 궁합이 맞았다. 억새, 수크령, 기장 같은 대형 그라스를 중심으로 아미속, 마편초속, 니포피아속, 범부채 Belamcanda chinensis, 리아트리스속, 매발톱꽃속 Aquilegia 등을 섞어 심었다. 정원에서 흔히 쓰는 소재는 아니지만, 제주의 들판에서 쉽게 만날 수 있는 예덕나무를 심어 제주 사람에게 익숙한 정서의 풍경을 담기도 했다.

정원 중심에는 직선으로 뻗은 철길이 놓여 있다. 좁은 길은 지면보다 높이 올라가 있어 사람의 시선을 모으고, 정원의 틀을 벗어나 길게 뻗어 외부 정원까지 이어진다. 시원하게 뻗은 수평면은 주변의 야생성을 중화시키고, 규모감이 상당한 대형 그라스에도 밀리지 않는 힘을 발산하며 공간을 조율한다. 폐허정원 주변으로 펼쳐진 유사한 식생의 식물들은 정원과 주변 화단에 통일성을 부여하고, 폐허정원의 분위기를 확산시켜 정원의 규모에 갇히지 않도록 도와준다.

서쪽에 있는 폐허정원은 베케 건물의 벽체를 시험하기 위한 일종의 샘플이었다. 시험이 끝난 후 높이 1.5미터 정도의 사각 틀은 또 다른 시간을 정원에 기록하며 폐허정원이라는 새로운 이름을 얻게 되었다. 자갈이 뒤섞인 콘크리트 구조체의 질감은 폐허 분위기를 드러내고, 부서진 감귤창고와도 이질감 없이 어우러진다. 그러나 좁고 높은 구조체를 활용해 정원을 조성하는 일은 좀처럼 풀리지 않는 어려운 숙제였다. 제일 먼저 벽면을 허물어 구조물의 높이를 낮추었다. 그러나 좁은 틀 안에 식물을 배치하는 일이 생각보다 쉽지 않았다. 거칠고 두터운 구조물의 힘을 감당하려면 억새 정도의 규모감을 지닌 식물이 어울리지만, 대형 그라스를

↑ 과수원의 저장창고가 철거되는 상황을 맞게
 되었지만, 이 땅의 흔적을 남겨 두고 싶은 마음에
 창고 터 위로 정원을 만들었다.
↓ 폐허정원 조성 초기 모습

심기에는 공간이 너무 좁았다. 그렇다고 면적에 맞는 작은 식물을 심으면 구조물의 힘에 밀려 자칫 조악해 보일까 두려웠다. 그러다 문득 내부에 흙을 메워 땅을 높이자는 아이디어가 떠올랐다. 높아진 지면은 구조물의 힘을 눌러 균형을 맞추어 주고, 지면이 솟아오른 만큼 식물이 부각되어 작은 식물도 정원 안에서 충분히 힘을 발휘할 수 있게 되었다. 높아진 지면은 배수가 뛰어나고 해가 잘 들어 건조한 식물을 심기에 적합했고, 암대극, 가는잎나래새, 테스타세아사초 '프레리 파이어'를 중심으로 한 현재의 배식 조합이 만들어졌다.

정원을 조성하고 1년이 지난 폐허정원의 풍경
사진_김희주

↑ 폐허정원의 봄
↓ 초여름 폐허정원의 모습. 대형 그라스와 무성한 한해살이 식물 사이로 철길의 수평면이 중심을 잡아 주고 있다.

↑ 폐허정원의 초가을
↑ 폐허정원의 가을
↓ 폐허정원의 겨울

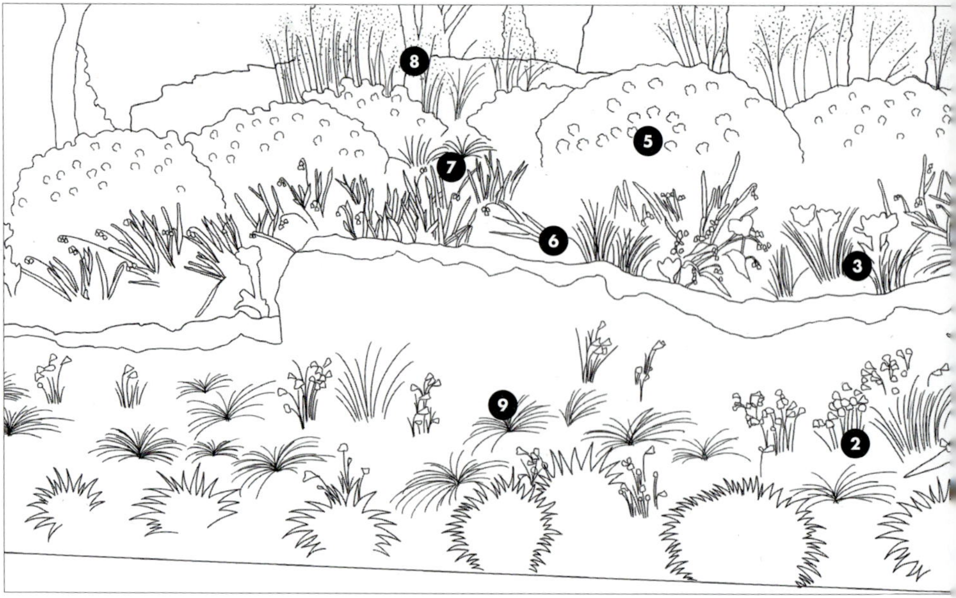

340

폐허정원

여러해살이풀

1. 용설란 '마르기나타'(무늬용설란)
2. 나팔수선화(벌보코디움수선화)
3. 튤립 '푸리시마'
4. 억새
5. 암대극
6. 은방울수선(레우코줌)
7. 테스타세아사초 '프레리 파이어'
8. 기장속 식물(파니쿰)
9. 모로위사초 '실크 태설'

폐허정원 — 동

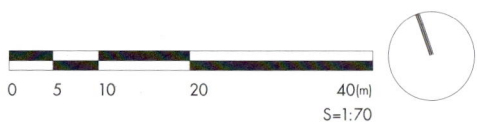

1. 예덕나무
2. 월계분꽃나무
3. 수국속 식물
4. 미모사아카시아
5. 용설란 '마르기나타'(무늬용설란)

0 5 10 20 40(m)
S=1:70

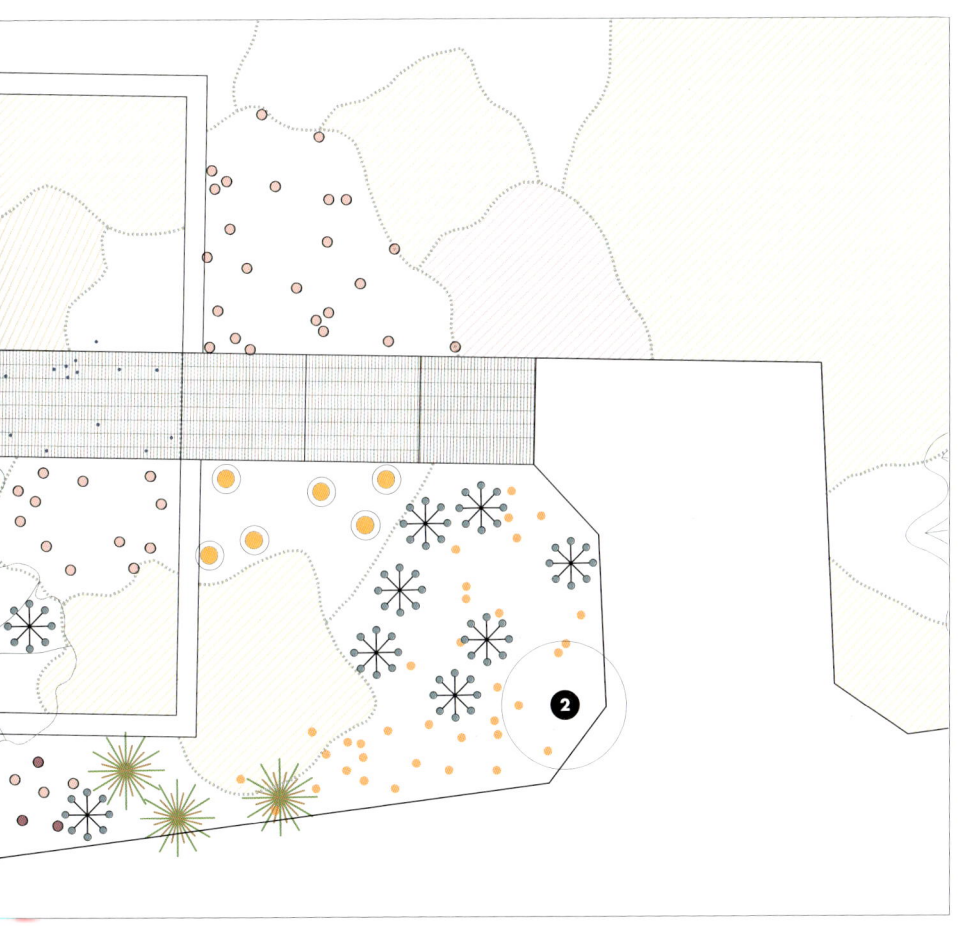

- 니포피아속 식물
- 리아트리스속 식물
- 버들마편초
- 가는잎나라새
- 아미속 식물
- 자주천인국속 식물(에키나시아)
- 에키나시아 '화이트 스완'
- 캘리포니아포피 '아이보리 캐슬'
- 흰꽃나도사프란
- 멜리니스 '사바나'(루비그라스)
- 산박하
- 오리엔탈레수크령
- 수크령 '하멜른'
- 주황배초향 '나바호 선셋'
- 참억새 '그라킬리무스'
- 참억새 '모닝 라이트'
- 참억새
- 기장속 식물(파니쿰)
- 페르시카리아 '파이어테일'

폐허정원 — 서

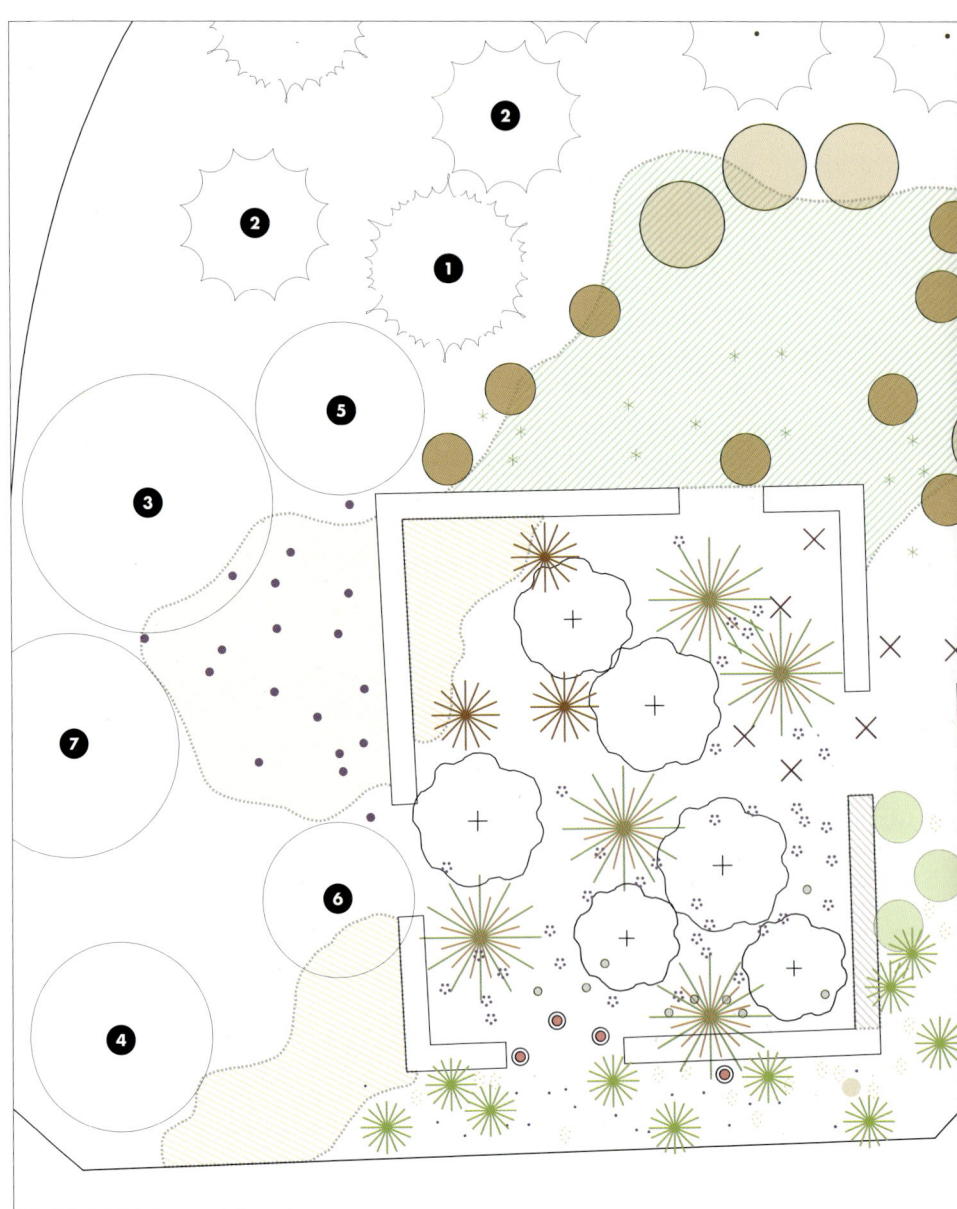

❶ 로키향나무 '스카이로켓'
❷ 서양측백나무 '에메랄드 그린'
❸ 먼나무
❹ 복사나무(재배품종)
❺ 참빗살나무
❻ 글라브라꽝꽝나무 '콤팍타'
❼ 무늬쥐똥나무
❽ 말발도리속 식물

나팔수선화(벌보코디움수선화)
리아트리스속 식물
맥문동
살비아 '서머 주얼'
수크령 '리틀 버니'
은방울수선
가는잎나래새
모로위사초 '실크 태설'
아가판서스속 식물
암대극
용설란 '마르기나타'(무늬용설란)
참억새 '그라킬리무스'
칼라
테스타세아사초 '프레리 파이어'
튤립 '푸리시마'
비비추속 식물(호스타)
흰꽃나도사프란
갯기름나물
모로위사초 '바리에가타'
모로위사초 '실크 태설'
백리향
기장속 식물(파니쿰)

나뭇길

베케정원은 대부분이 과거 식물을
경작하던 재배지의 모습을 유지하고 있다.
정원이 조성되면서 관리의 효율성과 차폐
등을 목적으로 나뭇길이 만들어졌고,
이를 기준으로 새롭게 조성한 정원과
재배정원을 구획하게 되었다. 수벽에
이용한 나무는 서양측백나무 '에메랄드
그린' *Thuja occidentalis* 'Emerald Green'으로
10여 년 전 농장에서 직접 삽목을 해서
번식시킨 나무다. 위로 곧게 자라고 맑은
색감과 부드러운 질감이 뛰어나 수벽으로
애용되는 식물이다. 그런데 예상치 못했던
관심이 이 나뭇길에 집중되었다. 좁은
길 양쪽으로 뻗어 있는 수벽은 사진을
찍었을 때 실제 규모보다 훨씬 크게 보였고,
단순화된 배경 속에 사람을 담아 사람에게
시선이 집중되게 해 주었다. 지금 이
나뭇길은 베케정원의 상징이 되어 정원을
찾는 사람들은 의례적으로 이곳에서
사진을 찍는다.

나뭇길의 서양측백나무
'에메랄드 그린'

겨울, 나뭇길에 눈이
내리는 모습

계획했던 일은 아니지만 누군가에게
좋은 볼거리와 즐거운 시간을 내어 줄 수
있다는 것은 고마운 일이기에 내친김에
말채나무를 심어 과감하게 나뭇길을
연장했다. 붉은말채나무 '미드윈터
파이어'는 겨울의 볼거리가 되어 주고,
서양측백나무 '에메랄드 그린'과 색의
대비를 이루어 더욱 강렬한 장면을
연출해 주었다. 하부에 심은 애기사초
'스노우라인'은 가지의 붉은 겨울색을
도드라지게 하고 길이 끝나는 곳에 서
있는 목재 아치는 먼 곳으로 시선을 유도해
거리감을 확장시킨다.
현재 서양측백나무 '에메랄드 그린'은 식재
초기보다 키가 부쩍 커졌다. 촘촘하게
모여 있는 나무는 키가 자라면서 바람의
직격탄을 받아 태풍 같은 강한 바람에
종종 쓰러지기도 한다. 바람 피해를 줄이기
위해 윗부분을 잘라 내 높이를 낮추고
싶지만 자연스러운 수형이 망가지는 것이
안타까워 결정을 미루고 있다.

↑ 위에서 본 나뭇길

사진_KBS제주

↓ 나뭇길의 붉은말채나무 '미드윈터 파이어'

나뭇길은 베케정원의 상징 같은 곳이 되었다.

실험정원

실험정원은 베케가 온전히 조경수 농장으로 이용되던 시절, 해마다 커지는 목련을 이식하기 위해 만든 화단이었다. 베케정원 조성 초기에는 과하게 성장한 억새와 수크령을 옮겨 놓거나 미처 터를 잡지 못한 식물들을 가식하는 곳으로 활용하기도 했다. 그러는 사이 억새와 수크령이 기반을 잡아가면서 화단은 자연스럽게 대형 그라스와 들꽃이 어우러지는 초지형 정원으로 변해 가고 있다.

이곳은 현재 일종의 자연주의정원을 모색하는 실험정원이다. 제주의 기후와 토양에 맞는 제주형 자연주의정원의 기초를 만들기 위해 다양한 식물군락을 구성해 도입하고 있다. 농약을 사용하지 않고 가급적 인위적 간섭을 최소화하여 정원식물들이 스스로의 힘과 질서로 정원을 유지해 나가기를 기대한다. 씨앗이 익어 떨어지고 거기에서 싹이 나와 그들끼리 경합하면서 나름의 질서와 체계를 만들어 가는 과정을 지켜보는 중이다.

현재 정원 안에는 생태적 지위가 높은 억새, 수크령, 낚시귀리 Chasmanthium latifolium 등이 우점하고 있다. 그 사이로 대형 그라스와 경합하며 살아가는 붓꽃속 식물, 이삭애기범부채 Crocosmia paniculata, 원추리 Hemerocallis fulva, 개미취 '진다이' 같은 강건한 여러해살이풀이 산재해 있다. 쑥, 망초, 민들레, 괭이밥, 토끼풀, 광대나물 같은 잡초들은 계절마다 돋아 나와 정원의 자연미와 야생성을 높여 주고, 정원은 땅을 기반으로 살아가는 수많은 곤충들과 작은 새들의 서식처가 되어 준다.

실험정원에서는 잡초도 그저 계절에 따라 피고 지는 야생화로 가치를 지닌다. 사실 잡초는 식생의 초기 단계에서 토양의 구조적 안정성과 물리성을 개선해 주고 유기물을 공급해 식생의 안정화를 도모하는 중요한 식물군이다. 실험정원과 같은 메도 meadow 혹은 일부 여러해살이풀 정원에서는 잡초도 얼마든지 융합하고

↑ 실험정원의 봄. 억새와 수크령은 아직 겨울에 머물러 있고 목련은 이른 꽃을 피워 정원을 장식한다.

↓ 실험정원에서는 생태적 지위가 높은 억새, 수크령, 거기에 밀리지 않는 힘을 지닌 초지형 여러해살이풀이 그들끼리 경합을 벌이며 질서를 만들어 간다.

포용할 수 있는 자연의 요소가 될 수 있다. 단, 망초나 주홍서나물처럼 급속도로 무성해지는 풀의 경우 성장 상태를 살피면서 선택적으로 연 1~2회 정도 제초를 해 주는 것이 좋다.

↑ 갈퀴나물과 괭이밥. 잡초도 계절마다 꽃을 피우는 야생화로 포용할 수 있는 정원을 만들어 가고 있다.
↓ 실험정원의 초여름. 수국속 식물과 솔잎금계국 '자그레브'가 꽃을 피웠다.

↑ 이삭애기범부채와 자주천인국속 식물(에키나시아)
↓ 실험정원의 가을. 씨앗이 여문 수크령과 개미취 '진다이'의 꽃이 어우러진다.

재배정원

30여 년 동안 감귤나무 과수원이었던 땅은 2000년대 초반 만병초와 목련, 양치식물 등을 재배하는 조경수 농장으로 모습을 바꾸었다. 이 일은 오랫동안 감귤 농사를 업으로 삼아 온 서귀포시의 작은 마을 안에서 한동안 화젯거리가 되기도 했다. 마을 사람들에게 중요한 생계 수단이자 자산인 감귤나무를 모두 베어 버리고 생소하기 그지없는 외국의 식물을, 그것도 손바닥 만한 삽수를 삽목해서 뿌리 내린 작은 모종을 심어 놓은 모습은 낯설고 생경하고 의아한 노릇이었을 것이다. 도대체 '만병초가 무엇이고 고사리는 웬말이냐'는 동네 어른들의 반응이 충분히 짐작되고도 남을 일이다.

당시만 해도 상록성 진달래속 식물인 만병초는 대단히 생소한 수종이었다. 과거 일부 마니아들과 수목원을 중심으로 만병초를 도입해 정원에 심거나 재배하는 사례가 있기는 했지만, 재배기술이 부족해 대량 보급이 쉽지 않아 한동안 잊힌 수종이기도 했다. 양치식물의 경우에도 먹는 고사리가 아니면 정원에 고사리를 심는다는 생각조차 하지 않았던 시절이라, 그나마 유통되는 양치식물 대부분이 불법적으로 채집된 것들이었다.

그러나 정원의 기반이 원예인 탓에 좋은 소재를 향한 갈망이 늘 있었고, 구매하기 어려우면 직접 키워 보겠다는 마음으로 '더가든' 농장을 만들었다. 재배온실에서는 해마다 씨앗을 뿌리고 삽목을 하며 외국의 검증된 정원식물과 제주의 좋은 식물들을 수집하고 재배했다. 목련과 만병초를 비롯해 베케정원의 중심을 이루는 솔비나무, 사람주나무, 참꽃나무, 백당나무, 암대극 등은 모두 파종이나 삽목을 해서 직접 번식시키고 키운 것들이다.

농장은 정원의 모습으로 바뀌었지만, 재배정원에는 여전히 당시 식물들이 남아 있다. 최근에는 그라스를 비롯한 초지형 식물에 관심이 높아지면서 화단을 구성하는 식물들도 달라지고 있다. 재배 기능을 유지하면서 정원의

↑ 만병초를 키우던 재배정원의 옛 모습   ↓ 미국수국 '애나벨'과 산뚝사초가 어우러진 재배정원의 여름 풍경

겨울철 재배정원의 모습. 색이 바랜 털쥐꼬리새 (핑크뮬리)와 붉게 물든 단풍나무 '에디스버리'

↑ 멜리니스 '사바나'가
  흔들리는 재배정원의
  초가을 풍경
↓ 위에서 내려다 본
  재배정원의 모습
  사진_제주KBS

아름다움을 보여 줄 수 있는 식물 선정과 배치를 고심하고 있다. 하지만 목련과 만병초는 여전히 베케정원의 골격을 이루고 계절마다 꽃을 피워 그 힘을 과시한다. 오래된 창고 터가 폐허정원의 틀이 되어 준 것처럼 이 땅이 품었던 또 다른 이야기를 고스란히 간직한 채 오랫동안 정원을 지켜 낼 것이다.

치밀하게,
　　　엉성하게

$\left(\begin{array}{c}\text{베케의}\\\text{어제와 오늘}\end{array}\right)$

귤나무가 만든 이끼정원

2015년 12월의 어느 날, 사무실 바로 옆에 위치한 귤밭으로 '더가든' 직원들이 함께 귤을 따러 나섰다. 도로 아래로 1미터 가량 푹 꺼져 있던 귤밭의 지면 위로 조심스레 발을 내딛고 나니 짙은 상록의 잎들 사이로 알알이 반짝이는 주황색 열매가 먼저 시야에 들어왔다. 다시금 고개를 숙이고 키를 낮춘 채 힘겹게 귤나무 사이를 돌아다닌 지 얼마 지나지 않아 밭 끝자락에 다다르니 눈앞에 매우 생경한 풍경이 펼쳐졌다. 한 조각의 하늘도 보이지 않을 정도로 빽빽하고 어두운 귤나무 터널을 벗어나자 세상의 모든 빛이 한꺼번에 쏟아지는 것처럼 보이는 그곳에 무너진 듯한 돌무더기가 두꺼운 녹색 이불을 덮은 채 깊은 잠에 빠져 있었다.

평소 도로 위에서는 상록의 귤나무에 가려져 그 모습이 보이지 않았었고, 때때로 농장을 걷다 마주치더라도 그저 평범하게 여겼던 돌무더기였는데, 그 반대편에 이렇게 감히 상상할 수 없는 반전의 풍경이 존재하고 있었다는 사실이 그저 놀라웠다. 이후 해가 바뀌고 겨울이 지난 후에도 기회가 될 때마다 귤밭으로 들어가 그 신비한 모습을 눈에 담곤 했다. 특히 고사리와 이끼의 생애를 공부하다가 이끼의 회복력 실험을 위해 물을 한 컵 떠서 그곳으로 갔던 날이 기억에 남는다. 한여름 오랫동안 비가 내리지 않아 바짝 말라 있던 갈색 이끼 위로 입 안에 머금고 있던 물을 뿜으니 1분도 채 지나지 않아 이끼가 기지개를 펴며 싱그러운 녹색으로 되살아났다. 이 신비한 광경을 보다 많은 이들에게 보여 주고 싶은 마음이 절로 나는 순간이었다.

1 귤나무에 가려져 있던 이끼 낀 베케(돌무더기)
2 정원이 조성되기 전, 도로 쪽에서 바라본 귤밭과 창고
3 정원이 조성되고 있는 베케 부지의 모습
　　사진_이재헌
4 베케정원 건축물 모형

베케 프로젝트의 시작

도로에 인접한 귤밭을 카페 부지로 매입하자는 결정을 한 후, 가장 먼저 카페의 이름을 정하기 위해 상금 10만원이 걸린 사내 공모가 열렸다. 사무실 한쪽 벽에 빈 종이를 붙여 놓고 오가며 각자 떠오르는 이름들을 마구 적도록 했다. '인 더 가든In the garden' 같은 영어 이름부터 '카페 봉봉', '봉가든' 같이 대표 이름에 들어 있는 글자를 이용한 장난 섞인 이름까지, 수많은 후보작들이 지면에 채워졌다. 나는 '이끼moss가 사는 집-ery'이라는 의미의 '모서리mossery'라는 이름을 바라보며 이왕이면 제주어를 쓰면 좋겠다는 생각을 했다. 그러던 중 김봉찬 대표가 귤밭의 돌무더기를 보며 늘 부르던 '베케'라는 단어가 머릿속을 스쳐 지나갔다. 제주 토박이인 대표가 아무렇지도 않게 일상적으로 쓰는 그 단어가 이주민이었던 나에게는 매력적인 발음의 외국어처럼 들렸다. 무엇보다 대부분 사라져 이제는 보기 어려워진 베케를 놀이터 삼아 뛰놀던 대표의 어린 시절 이야기까지 더해진 정원을 조성한다면 상징적인 의미가 있겠다고 생각했다.

이후 대표와 오랜 인연을 이어 오던 최정화 작가가 베케가 지닌 고유의 아름다움을 '치밀하게 엉성하게'라고 해석하면서 흔쾌히 아트 디렉팅을 맡아 주었다. 그와 함께 건축사무소 '내추럴 시퀀스'와 크리에이터 '차재'가 합류하면서 2017년 2월 베케 프로젝트가 본격적으로 시작되었다.

바닷가에서 수집한 폐목을 활용해 만든 간판을 설치하려고 준비하고 있는 최정화 작가

/ 땅의
  높이와 깊이

도로와 고작 20미터 정도의 폭 밖에 떨어져 있지 않은 부지에 새로 건축물을 짓고 정원까지 조성해야 하는 베케 프로젝트는 처음부터 난관의 연속이었다. 서울과 제주를 오가며 몇 번의 회의를 거치는 동안 건축물의 크기는 계속 줄어들었고, 형태 또한 점점 단순해져 직사각형 박스에서 시선을 유도하기 위해 사선으로 창을 내면서 사다리꼴 형태의 평면만 남았다. 또한 건축물 내부에서 보이는 베케의 고유한 스케일을 존중하기 위해 도로보다 낮은 기존 부지의 높이를 그대로 건축물 바닥 높이로 수용했다. 결과적으로 창쪽 바닥은 더욱 낮게 만들어 앉은 상태에서 눈높이에 있는 지면을 따라 흐르는 시선이 베케 돌담을 거쳐 너른 하늘로 흘러가도록 했다.
하지만 이러한 계획에는 치명적인 문제가 있었다. 건물을 신축하면서 빗물이 스며들 수 있는 면적은 줄어든 반면 건물의 바닥은 낮아져 빗물을 빠르게 배출하지 않을 경우 자칫하면 건물 내부로 빗물이 역류할 수 있다는 점이었다. 처음에는 펌프를 사용해 도로 우수관로로 빗물을 배출하는 방법을 함께 검토했지만 결국 땅을 더욱 낮추어 빗물을 충분히 모을 수 있는 그릇을 만들어 자연 침투시키는 방식으로 문제를 해결했다. 그렇게 지금의 빗물정원이 탄생했다.

1 도로보다 낮은 위치에 자리하게 될 건축물의 1층 바닥 콘크리트 타설이 완료된 모습
2 빗물정원 조성 과정 - 터 파기
3 빗물정원 조성 과정 - 교목 식재
4 빗물정원 조성 과정 - 덱 설치
5 빗물정원 조성 과정 - 초본류 식재

베케를 닮은 물성을
탐구하다

1 모듈로 제작된 콘크리트 샘플로 진행한 물성 탐구
2 샘플 타설 완료 후 불턱으로 사용되던 폐허정원에서
  회의를 하는 모습(왼쪽부터 건축가 박석희 소장,
  최정화 작가, 김봉찬 대표)
3 현무암 골재를 활용해 패턴을 만든 콘크리트 패널 제작
  과정과 설치

건물 배치와 구조를 고민하는 일만큼이나 가장 많은 시간과 노력을 쏟은 과정이 있다. 바로 베케가 지닌 아름다움을 담아내면서 실제 베케와 어울리는 물성을 탐구하는 일이었다. 구조적으로 치밀하면서도 겉으로는 편안한 엉성함이 느껴지는 물성을 만들어 내기 위해 콘크리트 배합재료인 현무암 골재를 의도적으로 표면에 노출시키는 방식을 시도하고자 했다. 우선 손바닥 정도 크기의 모듈을 다양하게 제작해 골재 크기와 노출 비율에 따라 달리 느껴지는 물성을 비교했다. 그리고 현무암과 어울리는 자연스러운 콘크리트의 검은색을 내기 위해 먹을 칠한 후 비를 맞히는 등 다양한 시도를 해 보았다. 이후 이러한 모듈 테스트의 결과물을 실제 벽체로 구현해 보려고 샘플 타설을 시도했다. 그 과정에서 일부를 허물어 폐허정원으로 조성하려고 계획하고 있던 창고 건물 부근에 자그마한 집이 있었던 것처럼 사각 벽체를 세우고, 최소한의 철거를 해서 또 다른 분위기의 폐허정원 부지로 활용해 폐기물 양을 줄이자는 아이디어가 나왔다. 결국 콘크리트 무게와 유동성 때문에 노출되는 골재를 조절하지 못해 시공법을 새로 고민해야 했지만, 이곳은 정원으로 조성되기 이전까지 꽤나 오랜 기간 동안 공사를 하면서 나오는 나뭇가지를 모아 두었다가 감자와 토란 등을 구워 먹거나, 추울 때 모여 앉아 불을 쬐는 불턱으로 사용되었. 오랜 시간 물성을 고민하고 실험해 나온 결과물은 건물 북측 외벽과 서측 내벽에 적용되었다. 거푸집 바닥에 의도한 패턴대로 현무암을 배치한 후 콘크리트를 타설했고, 만들어진 패널을 세워서 부착하는 과정을 거쳤다. 또한 이 공법을 테스트하기 위해 미리 제작한 샘플 패널 또한 적당한 크기로 잘라 건물로 진입하는 입구정원에 디딤석처럼 재활용했다.

미완의 건축

그동안 많은 현장에서 수많은 설계와 시공 경험을 했음에도 불구하고 막상 건축주 입장이 되어 보니 무엇하나 쉽게 결정 내리기 어려웠다. '가든 뮤지엄'이라는 커다란 이상을 품고 설계를 시작한 건축물은 전체적인 운영을 고려해 결국 카페로 용도가 결정되었고, 이를 위해 일부 설계를 변경했지만 이용하기에 다소 불편한 건물이 되었다. 휠체어를 이용해 도로 쪽에서 바로 접근할 수 있도록 계획되었던 경사로 구간은 화단으로 변경되어 흙이 채워졌고, 비교적 많은 면적을 차지하는 가족화장실은 전체적으로 부족한 공간에 비하면 아쉬운 부분이 아닐 수 없다. 콘크리트로 만든 일체형 카페 작업대는 설치된 장비들의 위치를 변경하거나 추가하는 데 어려움이 있어 현재의 작업 환경을 갖추기까지 적지 않은 시행착오를 겪었다. 누수와 하중이 염려되어 옥상정원을 조성하지 못한 점도 아쉬움으로 남는다. 하지만 개인적으로 가장 아쉬운 부분은 정원 쪽으로 뚫려 있는 투명창이다. 처음에는 창틀 없이 전면 통창으로 계획을 했지만, 태풍이 잦은 서귀포 지역의 특성상 풍압 때문에 파손될 우려가 있어 결국 프레임을 추가로 설치할 수밖에 없었다. 정원 조성 초기에는 유리창에 작은 새들이 날아와 부딪히는 일이 종종 발생하는 바람에 충돌 방지 스티커를 붙이는 방법도 고려했었지만 시간이 흘러 주변의 나무들이 무성해진 까닭인지 다행히도 더 이상의 충돌 사고는 일어나지 않고 있다.

오픈 직전 베케의 모습

사진_김희주

정원문화발전소

계획부터 시공까지 약 1년 정도의 시간이 걸린 베케정원은 카페 영업을 위한 준비기간을 더해 결국 장마를 앞둔 2018년 6월이 되어서야 정식으로 문을 열었다. 전체적인 구성은 현재와 크게 달라지지 않았지만, 식재 공사를 마무리한 지 얼마 되지 않았기 때문에 초본류는 듬성듬성해 보였고 그나마 볼거리가 있는 목련과 만병초의 꽃이 피는 시기를 놓친 까닭에 운영을 어떻게 해야 할지 고민이 되었다. 그나마 자연과 정원에 관심 있는 몇몇 사람들이 지속적으로 방문해 공간을 채워 주고는 있었지만, 카페 운영과 정원관리에 투입되는 비용을 충당하기에는 너무나 부족했다. 별도의 입장료를 받고 개방하는 영역을 만들자는 안부터 연간회원을 모집해 별도의 혜택을 주는 안까지 다양한 아이디어들이 나왔지만 도중에 운영방식을 변경하기가 쉽지는 않았다. 결국 보다 다양한 프로그램을 만들어 정원에 관심 있는 이들이 많이 그리고 자주 찾아오는 공간으로 만들어 가자는 쪽으로 전체적인 방향을 정했다. 더가든은 물론 카페 직원들까지 모두 정원 전문가들이었기 때문에 인적자원을 최대한 활용하는 홍보전략을 세운 것이다. 그렇게 달마다 '베케 특강'이라는 이름으로 정원디자인과 식물 생태 관련 공개 특강을 시작했다. 꾸준히 진행하다 보니 회를 거듭할수록 특강에 관심을 갖는 사람들이 많아졌고, 일부러 비행기를 타고 특강을 들으러 오는 열혈팬들까지 생겨났다. 이와 함께 2018년 가을, 베케정원 곳곳에서 식물과 함께 정원 관련 용품, 서적, 수공예품 등을 판매하는 가든마켓도 열었다. 그리고 2019년 3월에는 목련꽃이 피는 시기에 맞추어 플랜트센터를 오픈하고 다양한 프로그램을 추가해 정원문화축제로 확대하고자 했다. 베케의 정원문화축제는 중요한 베케의 미래 계획 중 하나다.

1 카페 오픈 전 입구정원 전경(2018년 5월)
2 베케 특강이 진행되는 모습
3 베케에서 열린 가든마켓

(베케정원 식물 목록)

ㄱ

가는잎나래새(스티파) *Stipa tenuissima* Trin. 102, 118, 120, 121, 122, 124, 125, 162, 189, 220, 226, 228, 238, 240, 273, 292, 301, 325, 336, 343, 345

가는잎처녀고사리 *Thelypteris beddomei* (Baker) Ching 77, 81, 84, 118, 196, 280, 304, 306

가막살나무 *Viburnum dilatatum* Thunb. 66, 147, 211

가죽나무 *Ailanthus altissima* (Mill.) Swingle 284

개고사리 *Athyrium niponicum* (Mett.) Hance 76, 316

개키버들 '하쿠로 니시키' *Salix integra* 'Hakuro-Nishiki' 110

개맥문동 '긴류' *Liriope spicata* 'Gin-Ryu' 261

개미취 '진다이' *Aster tataricus* 'Jindai' 204, 205, 352, 355

개쑥부쟁이 *Aster meyendorfii* (Regel & Maack) Voss 208

갯기름나물 *Peucedanum japonicum* Thunb. 345

검양옻나무 *Toxicodendron succedaneum* (L.) Kuntze 211, 226, 306

고란초 *Crypsinus hastatus* (Thunb.) Copel. 314

곰취 *Ligularia fischeri* (Ledeb.) Turcz. 311

관중 *Dryopteris crassirhizoma* Nakai 76, 314

광대나물 *Lamium amplexicaule* L. 352

괭이밥 *Oxalis corniculata* L. 88, 352, 354

구절초 *Dendranthema zawadskii* var. *latilobum* (Maxim.) Kitam. 202

글라디올러스속 식물 *Gladiolus* 301

글라브라꽝꽝나무 '콤팍타' *Ilex glabra* 'Compacta' 345

기생초속 식물(코레옵시스) *Coreopsis* 142, 324

기장 *Panicum miliaceum* L. 162, 257, 334

기장속 식물(파니쿰) *Panicum* cv. 216, 245, 301, 322, 341, 343, 345

긴잎풀모나리아 '마제스트' *Pulmonaria longifolia* 'Majeste' 80, 87

깃털이끼 *Thuidium kanedae* Sakurai 134, 136, 196

꼬랑사초 *Carex mira* Kük. 42, 46, 77, 83, 126, 196, 226, 232, 238, 239, 242, 243, 245, 248, 251, 253, 299, 306, 309, 310, 311, 313, 322, 329

꽃그령 *Eragrostis spectabilis* (Pursh) Steud. 179, 246

꽃창포 '레이디 인 웨이팅' *Iris ensata* 'Lady in Waiting' 119

ㄴ

나도히초미 *Polystichum polyblepharum* (Roem. ex Kunze) C.Presl 78, 120, 228, 238, 239, 304, 306, 311, 313, 319, 322

나무고사리(tree fern) *Dicksonia antarctica* Labill. 72

나무수국 '라임 라이트' *Hydrangea paniculata* 'Lime Right' 146

나팔수선화(벌보코디움수선화) *Narcissus bulbocodium* 58, 59, 62, 182, 262, 341, 345

낙우송 *Taxodium distichum* (L.) Rich. 211, 254, 322, 323, 325, 327

납매 *Chimonanthus praecox* (L.) Link 226

노각나무 *Stewartia koreana* Nakai ex Rehder 66, 128, 147, 151, 229, 233, 299, 304, 306, 313

노랑만병초 *Rhododendron aureum* Georgi 94

노랑말채나무 '플라비라메아' *Cornus sericea* 'Flaviramea' 260, 261

노루귀 *Hepatica asiatica* Nakai 147

노루오줌속 식물(아스틸베) *Astilbe* 97, 311, 322

누린내풀 '스노우 페어리' *Caryopteris divaricata* 'Snow Fairy' 142, 144

눈개쑥부쟁이 *Aster hayatae* H.Lév. & Vaniot 202

눈개승마 *Aruncus dioicus* (Walter) Fernald 306

눈여뀌바늘 *Ludwigia ovalis* Miq. 83, 86, 87, 306, 309, 311

느릅나무속 식물 *Ulmus* 66, 70, 254, 301

니겔라속 식물 *Nigella* 114

니포피아속 식물 Kniphofia 96, 107, 120, 191, 257, 296, 334, 343

ㄷ

다알리아속 식물 Dahlia 176, 178
단풍나무 '에디스버리' Acer palmatum 'Eddisbury' 58, 202, 233, 245, 358
단풍매화헐떡이풀 Tiarella cordifolia L. 86, 304
단풍철쭉 Enkianthus perulatus (Miq.) C.K.Schneid. 81, 306
달맞이글라디올러스 Gladiolus tristis L. 62, 63, 228
대상화 Anemone hupehensis var. japonica (Thunb.) Bowles & Stearn 179, 180, 181, 246, 299, 301
덜꿩나무 Viburnum erosum Thunb. 66, 147, 197, 304, 306
도깨비쇠고비 Cyrtomium falcatum (L.f.) C.Presl 314, 319
돌단풍 Mukdenia rossii (Oliv.) Koidz. 42, 43, 81, 295, 306
돌담고사리 Asplenium sarelii Hook. 314
동강할미꽃 Pulsatilla tongkangensis Y.N.Lee & T.C.Lee 295
두루미꽃 Maianthemum bifolium (L.) F.W.Schmidt 147
등골나물속 식물(유파토리움) Eupatorium 142
등나무 '로열 퍼플' Wisteria floribunda 'Royal Purple' 294, 295
떡갈잎수국 Hydrangea quercifolia W.Bartram 118

ㄹ

레티쿨라타붓꽃 Iris reticulata cv. 36, 322
레티쿨라타붓꽃 '캐서린 호지킨' Iris reticulata 'Katharine Hodgkin' 40
레티쿨라타붓꽃 '알리다' Iris reticulata 'Alida' 40, 262
로단테뭄속 식물 Rhodanthemum 88, 292, 296
로키향나무 '스카이로켓' Juniperus scopulorum 'Skyrocket' 345
리아트리스속 식물 Liatris 118, 119, 125, 257, 301, 334, 343, 345

ㅁ

마편초속 식물(버베나) Verbena 118, 257, 334
만병초 '그레이스 씨부룩' Rhododendron 'Grace Seabrook' 95
만병초 '마디 그라스' Rhododendron 'Mardi Gras' 95
만병초 '솔리데리티' Rhododendron 'Solidarity' 97, 101
만병초 '아나 크루시케' Rhododendron 'Anah Kruschke' 97, 101, 301
만병초 '야쿠 엔젤' Rhododendron 'Yaku Angel' 299
만병초 '재닛 블레어' Rhododendron 'Janet Blair' 97, 101
만병초 '티아나' Rhododendron 'Tiana' 95, 97, 101, 214
만병초 '폰티약' Rhododendron 'Pontiyak' 95, 96, 101, 322
만병초 '할렐루야' Rhododendron 'Hallelujah' 95
말발도리속 식물 Deutzia 110, 113, 345
망초 Conyza canadensis (L.) Cronquist 88, 93, 352, 354
매발톱꽃속 식물(매발톱꽃) Aquilegia 334
매실나무 '펜둘라'(처진매실나무, 수양매실나무, 능수매화) Prunus mume 'Pendula' 32, 33
맥문동 Liriope platyphylla F.T.Wang & T.Tang 238, 345
맥문아재비 Ophiopogon jaburan (Siebold) Lodd. 238
맨드라미 '플라밍고 페더' Celosia 'Flamingo Feather' 181
먼나무 Ilex rotunda Thunb. 345
멜리니스 '사바나'(루비그라스) Melinis nerviglumis 'Savannah' 114, 132, 188, 189, 190, 292, 297, 301, 343, 360
모나르다속 식물 Monarda 118, 142, 144, 324
모로위사초 Carex morrowii cv. 238
모로위사초 '바리에가타' Carex morrowii 'Variegata' 345
모로위사초 '실크 태설' Carex morrowii var. temnolepis 'Silk Tassel' 58, 182, 249, 252, 292, 299, 341, 345
모로위사초 '아이스댄스' Carex morrowii 'Ice Dance' 306

목련 '갤럭시' *Magnolia* 'Galaxy' 57, 58
목련 '베티' *Magnolia* 'Betty' 57, 58
목련 '스펙트럼' *Magnolia* 'Spectrum' 57, 58, 329
목련 '조 맥다니엘' *Magnolia* 'Joe Mcdaniel' 50, 57, 327
목련 '프리스틴' *Magnolia* 'Pristine' 57
무늬쥐똥나무 *Ligustrum* cv. 110, 114, 345
무늬지리대사초 *Carex okamotoi* f. *variegata* Y.N.Lee 299
무늬층층나무 *Cornus controversa* 'Variegata' 301
무스카리속 식물 *Muscari* 58, 59, 292
물가이끼 *Taraxacum platycarpum* 196
물방울풀 *Soleirolia soleirolii* (Req.) Dandy 316, 319
미국수국 '애나벨' *Hydrangea arborescens* 'Annabelle' 357
미모사아카시아 *Acacia dealbata* Link 342
민들레 *Taraxacum platycarpum* Dahlst. 88, 352

ㅂ

바람꽃속(아네모네) *Anemone* 322
바위수국속 식물 *Schizophragma* 88, 296, 299
박태기나무 *Cercis chinensis* Bunge 58, 59, 254
반들정향풀 *Amsonia illustris* Woodson 299, 306
반쪽고사리 *Pteris dispar* Kunze 314, 317
밥티시아 아우스트랄리스 *Baptisia australis* (L.) R.Br. 89, 292, 299, 301
배롱나무 *Lagerstroemia indica* L. cv. 299
배암차즈기속(살비아) *Salvia* 114, 125, 144, 176, 324
배초향속 식물 *Agastache* 176, 324
백당나무 *Viburnum opulus* L. var. *calvescens* (Rehder) H. Hara 88, 89, 356
백리향 *Thymus quinquecostatus* Celak. 244, 292, 295, 297, 324, 345
백목련 *Magnolia denudata* Desr. 52
백서향 *Daphne kiusiana* Miq. 32, 228

백일홍 *Zinnia elegans* Jacq. 176, 180
버드나무 '골든 네스' *Salix* 'Golden Ness' 229, 233, 274
버드나무 '골든 윈터' *Salix* 'Golden Winter' 299
버들마편초 *Verbena bonariensis* L. 120, 327, 343
별목련 *Magnolia stellata* Maxim. 52
별목련 '센테니얼' *Magnolia stellata* 'Centennial' 52, 57, 58
별목련 '제인 플랫' *Magnolia stellata* 'Jane Platt' 52, 54, 57, 151, 232
범부채 *Belamcanda chinensis* (L.) DC. 334
병꽃나무속 식물(웨이겔라) *Weigela* 88, 89
복사나무 *Prunus persica* cv. 345
봉의꼬리 *Pteris multifida* Poir. 314
부들레야속 식물 *Buddleja* 172
부처꽃 *Lythrum salicaria* L. subsp. *anceps* (Koehne) H.Hara 306
부추속 식물(알리움) *Allium* 125
붉은말채나무 '미드윈터 파이어' *Cornus sanguinea* 'Midwinter Fire' 214, 258, 261, 350
붓꽃속 식물(아이리스) *Iris* 324, 352
브루클린목련 '옐로우 버드' *Magnolia* × *brooklynensis* 'Yellow Bird' 52, 57
블루페스큐(은사초) *Festuca glauca* Vill. 131, 238, 301
비늘낙우송 '누탄스' *Taxodium distichum* var. *imbricarium* 'Nutans' 299
비비추 '블루 카뎃' *Hosta* 'Blue Cadet' 80, 110, 112, 246, 329
비비추속 식물(호스타) *Hosta* 36, 88, 97, 134, 299, 306, 311, 313, 322, 345
비비추 '프레그런트 부케' *Hosta* 'Fragrant Bouquet' 306
비파나무 *Eriobotrya japonica* (Thunb.) Lindl. 114, 115, 144, 234

ㅅ

사람주나무 *Sapium japonicum* (Siebold & Zucc.) Pax & Hoffm. 80, 82, 144, 147, 151, 197, 211, 214, 304, 306, 314, 356

사초속 식물(카렉스) *Carex* 191, 216, 246, 248, 322

산딸나무 '미스 사토미' *Cornus kousa* 'Miss Satomi' 114, 319

산뚝사초 *Carex forficula* Franch. & Sav. 238, 250, 253, 295, 299, 357

산박하 *Isodon inflexus* (Thunb.) Kudo 181, 208, 343

산새풀속 식물(칼라마그로스티스) *Calamagrostis* 216, 322

산수국 *Hydrangea macrophylla* (Thunb.) Ser. subsp. *serrata* (Thunb.) Makino 112, 147, 246, 306, 309, 311, 329

산자고속 식물(튤립) *Tulipa* 58, 62

산호수 *Ardisia pusilla* A.DC. 314

살비아 '서머 주얼' *Salvia* 'Summer Jewel' 179, 345

삼지닥나무 *Edgeworthia chrysantha* Lindl. 32, 34, 228

상사화속 식물 *Lycoris* 238

새비나무 *Callicarpa mollis* Siebold & Zucc. 304

새우난초 *Calanthe discolor* Lindl. 80

생강나무 *Lindera obtusiloba* Blume 285

서양톱풀 *Achillea millefolium* cv. 299, 301

서양측백나무 '에메랄드 그린' *Thuja occidentalis* 'Emerald Green' 345, 346, 347, 350

서향 *Daphne odora* Thunb. 35

선바위고사리 *Onychium japonicum* (Thunb.) Kunze 315

석위 *Pyrrosia lingua* (Thunb.) Farw. 314

석잠풀속 식물(스타키스) *Stachys* 324

석창포 '마사무네' *Acorus gramineus* 'Masamune' 196, 200, 232, 304, 306

설강화(갈란투스) *Galanthus nivalis* L. 36

설리번트루드베키아 '골드스텀' *Rudbeckia fulgida* var. *sullivantii* 'Goldsturm' 204

설설고사리 *Thelypteris decursive-pinnata* (H.C.Hall) Ching 72, 73, 314, 319

섬노린재나무 *Symplocos coreana* (H.Lév.) Ohwi 306, 313

섬잔고사리 *Diplazium hachijoense* Nakai 306

세둠 '다즐베리' *Sedum* 'Dazzleberry' 299

셀로위아눔향기별꽃(이페이온 셀로위아눔) *Ipheion sellowianum* (Kunth) Traub 37, 41

손고비 *Leptochilus elliptica* (Thunb.) Ching 314, 317, 319

솔비나무 *Maackia fauriei* (H.Lév.) Takeda 80, 83, 110, 126, 128, 147, 151, 229, 302, 304, 306, 311, 356

솔이끼 *Polytrichum commune* 42, 43, 134, 136, 196

솔잎금계국 '자그레브' *Coreopsis verticillata* 'Zagreb' 114, 299, 354

솔정향풀 *Amsonia hubrichtii* Woodson 299

수국속 식물 *Hydrangea macrophylla* (Thunb.) Ser. 97, 142, 322, 329, 342, 354

수국 '니그라' *Hydrangea macrophylla* 'Nigra' 329

수선화 *Narcissus tazetta* var. *chinensis* 37, 40, 228, 262

수선화속 식물 *Narcissus* 36

수선화 '테이트어테이트' *Narcissus* 'Tete-A-Tete' 40

수크령 *Pennisetum alopecuroides* (L.) Spreng. 88, 92, 118, 171, 176, 184, 204, 208, 210, 216, 252, 254, 257, 334, 352, 353, 355

수크령 '루브럼' *Pennisetum setaceum* 'Rubrum' 176, 178

수크령 '리틀 버니' *Pennisetum alopecuroides* 'Little Bunny' 301, 345

수크령 '하멜른' *Pennisetum alopecuroides* 'Hameln' 343

수크령속 식물 *Pennisetum* 216, 322

스키자키리움 '재즈' *Schizachyrium scoparium* 'Jazz' 299, 301

실새풀 *Calamagrostis arundinacea* (L.) Roth 172, 176

ㅇ

아가판서스속 식물 Agapanthus 118, 301, 324, 345
아네모네 물티피다 Anemone multifida Poir. 58
아마릴리스속 식물 Amaryllis 88
아미속 식물 Ammi 42, 46, 92, 93, 118, 120, 257, 334, 343
아주가 Ajuga reptans L. 76, 179, 314, 316, 324
아카시아속 식물 Acacia 34, 62, 172, 173
아카시아 카디오필라 Acacia cardiophylla 58
암대극 Euphorbia jolkinii Boiss. 34, 36, 39, 42, 58, 62, 91, 118, 121, 162, 179, 182, 206, 240, 228, 238, 240, 292, 299, 336, 341, 345, 356
애기동백나무 Camellia sasanqua Thunb. 211, 301
애기사초 '스노우라인' Carex conica 'Snowline' 261, 350
앵초 Primula sieboldii E.Morren 306, 311
억새 Miscanthus sinensis var. purpurascens (Andersson) Rendle 34, 42, 46, 88, 92, 118, 120, 162, 172, 176, 177, 204, 208, 210, 216, 217, 244, 252, 254, 257, 332, 334, 341, 352, 353
억새속 식물(미스칸투스) Miscanthus 216
얼룩억새 Miscanthus sinensis f. variegatus Nakai 93
에린기움속 식물(에린지움) Eringium 114
에린기움 '블루 호빗' Eryngium palnum 'Blue hobbit' 292, 301
에키나시아 '화이트 스완' Echinacea purpurea 'White Swan' 343
여뀌속 식물(페르시카리아) Persicaria 142
연잎양귀비 Eomecon chionantha 58
연화바위솔 Orostachys iwarenge (Makino) H.Hara 295
예덕나무 Mallotus japonicus (L.f.) Müll.Arg. 66, 71, 211, 214, 284, 285, 334, 342
오레곤개망초 Erigeron karvinskianus DC. 89, 179, 189, 273, 292, 297, 299, 301
오리엔탈레수크령 Pennisetum orientale Pers. 343
오이풀속 식물 Sanguisorba 142
용설란 '마르기니타'(무늬용설란) Agave americana cv. 'Marginata' 58, 107, 341, 342, 345
용설란속 식물 Agave 125
왜승마 Cimicifuga japonica (Thunb.) Spreng. 306
우산이끼 Marchantia polymorpha 134, 136, 138
원추리 Hemerocallis fulva (L.) L. 352
원추리속 식물 Hemerocallis 142
원추천인국속 식물(루드베키아) Rudbeckia 142, 144
월계분꽃나무 Viburnum tinus L. 42, 46, 240, 329, 342
유파토리움 '초콜릿' Eupatorium 'Chocolate' 204
유파토리움 '베이비 조' Eupatorium dubium 'Baby Joe' 292, 297, 299, 301
윤판나물아재비 Disporum sessile D.Don 80, 304
으아리속 식물(클레마티스) Clematis 88, 116
은방울꽃 Convallaria keiskei Miq. 147
은방울수선(레우코줌) Leucojum aestivum L. 35, 36, 39, 40, 42, 58, 62, 262, 322, 341, 345
은청가문비나무 Picea pungens 301
이삭애기범부채 Crocosmia paniculata (Klatt) Goldblatt 352, 355
일본매자나무 Berberis thunbergii cv. 301
일본앵초 Primula japonica A. Gray 311
일본조팝나무 '골드플레임' Spiraea japonica 'Goldflame' 301
일색고사리 Arachniodes standishii (T.Moore) Ohwi 306

ㅈ

자란 Bletilla striata (Thunb.) Rchb.f. 81, 87, 246, 304, 306
자목련 Magnolia liliiflora Desr. 52
자주천인국속 식물(에키나시아, 에키나세아) Echinacea 115,

118, 120, 125, 142, 144, 176, 246, 257, 324, 327, 343, 355
작약속 식물 Paeonia 110
전주물꼬리풀 Dysophylla yatabeana Makino 306
접시꽃목련 '루스티카 루브라' Magnolia × soulangeana 'Rustica Rubra' 57
접시꽃목련 '버바니카' Magnolia × soulangeana 'Verbanica' 57
접시꽃목련 '피카드즈 루비' Magnolia × soulangeana 'Pickard's Ruby' 57
정향풀속 식물(암소니아) Amsonia 88, 114, 206, 324
제비꼬리고사리 Thelypteris esquirolii var. glabrata (Christ) K.Iwats. 126, 238, 239, 306, 309, 311, 313
족도리풀 Asarum sieboldii Miq. 147
좀골무꽃 Scutellaria indica var. parvifolia (Makino) Makino 306, 324
좀새풀속 식물 Deschampsia 216
주름고사리 Diplazium wichurae (Mett.) Diels 314
주황배초향 '나바호 선셋' Agastache aurantiaca 'Navajo Sunset' 180, 327, 343
줄사초 Carex lenta D.Don 62, 63, 93, 144, 238, 252, 253, 306
중국단풍 '하나치루 사토' Acer buergerianum 'Hanachiru Sato' 66, 70, 296
중국복자기 Acer griseum (Franch.) Pax 229, 233, 299, 306
쥐꼬리새속 식물 Muhlenbergia 324
쥐꼬리새풀속 식물 Sporobolus 216
진퍼리새속 식물(몰리니아) Molinia 216, 324
쪽동백나무 Styrax obassis Siebold & Zucc. 71, 147, 151, 211, 304, 306, 313

ㅊ

참꽃나무 Rhododendron weyrichii Maxim. 47, 88, 356
참빗살나무 Euonymus hamiltonianus Wall. 211, 345
참새그령속 식물(에라그로스티스) Eragrostis 216
참억새 Miscanthus sinensis Andersson 343
참억새 '그라킬리무스' Miscanthus sinensis 'Gracillimus' 343, 345
참억새 '모닝 라이트' Miscanthus sinensis 'Morning Light' 343
참중나무 '플라밍고' Toona sinensis 'Flamingo' 88, 226
참취속 식물(아스터, 아스테르) Aster 176, 299, 324
천수국속 식물(메리골드) Tagetes 176, 181
천일홍 Gomphrena globosa L. 176
천일홍 '파이어웍스' Gomphrena globosa 'Fireworks' 178, 179
청나래고사리 Matteuccia struthiopteris (L.) Tod. 36, 77, 78, 118, 120, 126, 196, 238, 239, 245, 306, 309, 310, 311, 313, 314, 315, 319, 322
층꽃나무 Caryopteris incana (Thunb. ex Houtt.) Miq. 176
층꽃나무속 식물 Caryopteris 324
층실사초(레모타사초) Carex remotiuscula Wahlenb. 180, 214, 215, 241, 246, 251, 253, 322, 324

ㅋ

칼라 Zantedeschia aethiopica (L.) Spreng. 62, 64, 93, 238, 345
칼미아 Kalmia latifolia L. 299
캘리포니아 포피 '아이보리 캐슬' Eschscholzia californica 'Ivory Castle' 42, 118, 120, 132, 343
코만스사초 '브론즈' Carex comans 'Bronze' 292, 301
코만스사초 '프로스티드 컬스' Carex comans 'Frosted Curls' 292, 301
크라스페디아속 식물 Craspedia 88, 128

크라스페디아 글로보사(골든볼, 드럼스틱) *Craspedia globosa* 89, 130, 131, 292, 301

크로커스속 식물 *Crocus* 36

크로커스 '바스 퍼플' *Crocus tommasinianus* 'Barr's Purple' 263

크로커스 '크림 뷰티' *Crocus chrysanthus* 'Cream Beauty' 41, 263

큰개기장 '헤비 메탈' *Panicum virgatum* 'Heavy Metal' 176, 327

큰꿩의비름 '오텀 조이' *Sedum spectabile* 'Autumn Joy' 179, 180, 301, 327

큰별목련 '도나' *Magnolia* × *loebneri* 'Donna' 50, 52, 53, 202

큰별목련 '메릴' *Magnolia* × *loebneri* 'Merrill' 57, 58

큰별목련 '파우더 퍼프' *Magnolia* × *loebneri* 'Powder Puff' 57

큰천남성 *Arisaema ringens* (Thunb.) Schott 72, 73, 314, 315

클레마티스 '이베트 아우리' *Clematis* 'Yvette Houry' 114

ㅌ

털쥐꼬리새(핑크뮬리) *Muhlenbergia capillaris* Trin 177, 181, 184, 186, 187, 188, 191, 202, 203, 245, 246, 327, 358

테네시 에키나시아 '로키 톱' *Echinacea tennesseensis* 'Rocky Top' 292, 301

테스타세아사초 '프레리 파이어' *Carex testacea* 'Prairie Fire' 252, 253, 324, 336, 341, 345

톱풀 *Achillea alpina* L. 228, 238

톱풀속 식물(아킬레아) *Achillea* 118, 119

튤립 '푸리시마' *Tulipa* 'Purissima' 299, 341, 345

ㅍ

파초일엽 *Asplenium antiquum* Makino 72, 73, 314, 315, 319

팜파스그래스 '푸밀라' *Cortaderia selloana* 'Pumila' 144, 146, 172, 176

팥배나무 *Sorbus alnifolia* (Siebold & Zucc.) C.Koch 151, 213

페로브스키아 아트리플리키폴리아(러시안세이지) *Perovskia atriplicifolia* 292, 301

페르시카리아 '파이어테일' *Persicaria amplexicaulis* 'Firetail' 292, 301, 343

편백나무 *Chamaecyparis obtusa* (Siebold & Zucc.) Endl. 170, 254

포테르길라속 식물 *Fothergilla* 58, 63

푸밀라붓꽃 '브라시' *Iris* 'Brassie' 301

풍년화속 식물 *Hamamelis* 32, 35, 301

풍지초속 식물 *Hakonechloa* 88, 97, 216, 322

풍지초 '아우레올라' *Hakonechloa macra* 'Aureola' 112, 178, 246, 299, 329

프라겔리페라사초 *Carex flagellifera* 252, 253, 299, 324, 327

플록스 '유니크 화이트' *Phlox* 'Unique White' 299

필라 노디플로라 *Phyla nodiflora* (L.) Greene 324

ㅎ

한라부추 *Allium taquetii* H.Lév. & Vaniot 196, 306, 311

한라사초 *Carex erythrobasis* H.Lév. & Vaniot 314

한라새우난초 *Calanthe striata* R.Br. ex Lindl. 80

해란초속 식물(리나리아) *Linaria* 118, 257

향기별꽃(이페이온 유니플로룸) *Ipheion uniflorum* Raf. 36, 37, 41, 59, 262, 292

헬레보루스속 식물 *Helleborus* 238, 261

홀아비꽃대 *Chloranthus japonicus* Siebold 304

황근 *Hibiscus hamabo* Siebold & Zucc. 211

회향속 식물(펜넬) *Foeniculum* 118, 120, 124

휴케라속 식물 *Heuchera* 114

휴케라 'XXL' *Heuchera* 'XXL' 314, 316

흑룡 *Ophiopogon planiscapus* 'Nigrescens' 314
흰꽃나도사프란 *Zephyranthes candida* (Lindl.) Herb. 182,
  183, 228, 299, 343, 345
흰말채나무 '시비리카' *Cornus alba* 'Sibirica' 261
흰말채나무 '아우레아' *Cornus alba* 'Aurea' 299
흰말채나무 '케셀링기' *Cornus alba* 'Kesselringii' 260, 261

베케, 일곱 계절을 품은 아홉 정원

글·사진 김봉찬 고설 신준호

1판 1쇄 펴낸날 2021년 12월 15일
1판 4쇄 펴낸날 2024년 6월 25일

펴낸이 전은정
펴낸곳 목수책방
출판신고 제25100-2013-000021호

대표전화 070 8151 4255
팩시밀리 0303 3440 7277
이메일 moonlittree@naver.com
블로그 post.naver.com/moonlittree
페이스북 moksubooks
인스타그램 moksubooks
스마트스토어 smartstore.naver.com/moksubooks

도면·그림 더가든 - 박선영 지소희 김소연
디자인 studio fttg
제작 야진북스

Copyright ⓒ 2021 김봉찬 고설 신준호

이 책은 저자 김봉찬 고설 신준호와 목수책방의
독점 계약에 의해 출간되었으므로 이 책에 실린 내용의
무단 전재와 무단 복제, 광전자 매체 수록을 금합니다.

ISBN 979-11-88806-24-9 (03520)
가격 25,000원